矩阵之美

(基础篇)

耿修瑞　著

科学出版社

北京

内 容 简 介

本书从线性变换的角度对矩阵的诸多重要概念进行了新的梳理。具体而言，第 1 章给出了矩阵的由来，指出矩阵是表达自然界中线性变换的最为自然的工具；第 2 章讲述了线性变换在一组基下的矩阵表达，从而引出矩阵相似的概念；第 3 章结合数的发展从特征分析的角度给出了一个矩阵可能包含的线性变换类型；第 4 章着重阐述若尔当标准形理论以及其重要的物理意义；第 5 章从线性变换的连续性角度，讨论了矩阵的任意次幂问题；第 6 章从线性变换的整体缩放角度，讲述了行列式的几何意义以及相关的代数性质；第 7 章和第 8 章的研究对象从单个的矩阵转到矩阵的集合，着重讲述了矩阵李群和矩阵李代数的相关概念及含义。

本书适合高等学校理工科本科生、研究生、科研人员及对矩阵分析与计算感兴趣的读者参考使用。

图书在版编目 (CIP) 数据

矩阵之美. 基础篇/耿修瑞著. —北京：科学出版社，2023.3
ISBN 978-7-03-074944-4

Ⅰ. ①矩… Ⅱ. ①耿… Ⅲ. ①矩阵论 Ⅳ. ①O151.21

中国国家版本馆 CIP 数据核字(2023)第 034264 号

责任编辑：胡庆家 / 责任校对：彭珍珍
责任印制：吴兆东 / 封面设计：无极书装

科 学 出 版 社 出版
北京东黄城根北街 16 号
邮政编码：100717
http://www.sciencep.com

北京中科印刷有限公司 印刷
科学出版社发行 各地新华书店经销
*
2023 年 3 月第 一 版 开本：720×1000 1/16
2023 年 3 月第一次印刷 印张：8
字数：110 000
定价：68.00 元
(如有印装质量问题，我社负责调换)

前　　言

对矩阵的认识大致经历了三个阶段。首先，矩阵是一种新的数学符号或者代数工具，它有各种不知来由的定义和不知所谓的代数性质。在此阶段，矩阵就像一个黑匣子，抽象而晦涩。其次，矩阵是线性变换在给定坐标系下的代数表达，它可以表征自然界中的各种线性动作。在此阶段，矩阵就像一幅图景，具体而清晰。最后，矩阵具有深刻的物理内涵，各种不同的矩阵代数结构对应着自然界中各种不同的物理结构。在此阶段，矩阵就像一架通往终极真理的天梯，美妙而神秘。

本书从线性变换的角度，对矩阵中几个重要的概念进行新的诠释。具体而言，第 1 章首先旗帜鲜明地指出矩阵并非无源之水、无本之木，而是源于自然界中的线性变换，并且矩阵正是线性变换在给定基或坐标系下的代数表达。第 2 章讲述了线性变换的矩阵表达与坐标系的关系，从而引出矩阵相似的概念；此外，选讲内容讲述了矩阵合同与度规的关联。第 3 章从特征分析的角度给出了一个矩阵可能包含的线性变换类型，并给出了各种不同类型的数与自然界中基本线性动作的对应关系。第 4 章利用矩阵对角化和若尔当标准形理论对自然界中线性变换的种类问题给出了明确的结论。第 5 章从线性变换的连续性角度，对矩阵在实域内是否可以开任意次方以及如何计算矩阵的任意次方给出了严谨的阐述。第 6 章指出行列式代表线性变换的整体缩放效果，并分别给出了行列式的代数解释和几何解释；此外，还阐述了行列式与叉积、楔形积、混合积等概念的关联。前面的章节讲述的均是单一矩阵的各种概念和性质，而多个满足一定条件的矩阵组合在一起不但可以描述一些特殊的几何结构，而且可能对应自然界中一些基本的物理结构。因此，在第 7 章我们给出了矩阵李群的相关概念和意义。鉴于李群的李代数为线性空间，且包含了李群的大部分信息，因此在第 8 章我们给出了矩阵李代数的相关概念及含义。

感谢我的学生王磊博士、朱亮亮博士、张诗雨博士、朱鑫雯博士、高靖瑜博士、肖松毅博士、申奕涵博士、于鸿坤博士、叶锦州博士、修迪博士、周艺康博士、朱家乐博士、程士航博士、马欣蕾博士等对本书稿件的仔细校对。

感谢我的师兄赵永超研究员对我一如既往的鼓励和支持；感谢唐海蓉副研究员、于凯副研究员、姜亢副研究员、计璐艳博士和张鹏博士对我的鼓励和支持。

感谢家人对我永远无条件的支持！

由于水平有限，书中难免有不妥之处，请各位读者、专家、同仁批评指正。

耿修瑞

2023 年 3 月 22 日

目 录

第 1 章　矩阵与线性变换

线性变换普遍存在于自然界中。无论热的传导、光的传播，还是力的作用、人的感知，从宏观的天体运动到微观的粒子世界，都包含着大量的线性变换过程。一定程度而言，矩阵的引入正是为了描述线性变换这一基本的物理过程。

1.1　自然界中的线性变换

自然界中存在着大量的线性变换物理过程，比如图 1.1 中绿色图形到蓝色图形的转换即为一常见的线性变换。在此变换中，绿色图形上的 4 个点 A, B, C, D 变换为蓝色图形上的 4 个点 A', B', C', D'，其他点也一一对应。此变换可以用自然语言表述为：水平方向扩大两倍、垂直方向缩小为原来的二分之一的挤压变换。为了更加精确、定量地描述线性变换，我们需要引入坐标系或者基的概念。

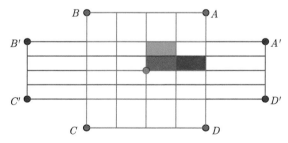

图 1.1　水平方向扩大两倍、垂直方向缩小为原来的二分之一的挤压变换

绿色图形为原始图形，蓝色图形为变换后的图形

当给上述图形赋予一个坐标系之后，图形上的每个点就都有了坐标的概念。如图 1.2，当我们选择 Oxy 直角坐标系时，A, B, C, D 的坐标分别为 $(2,2)$，$(-2,2)$，$(-2,-2)$，$(2,-2)$，A', B', C', D' 的坐标分别为

$(4,1)$，$(-4,1)$，$(-4,-1)$，$(4,-1)$。容易验证，在该直角坐标系下，上述挤压变换的表达式为 $T(x,y)=(2x,0.5y)$，对应的变换矩阵为

$$\mathbf{T}=\begin{bmatrix} 2 & 0 \\ 0 & 0.5 \end{bmatrix}$$

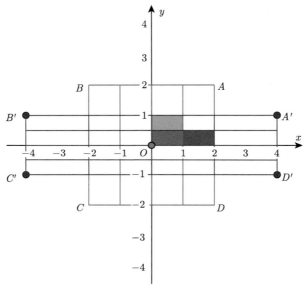

图 1.2   给定坐标系下线性变换的定量描述

给定一个坐标系，线性变换可以用矩阵表达

除了上述挤压变换，自然界中还存在着多种线性变换，下面给出一些常见的线性变换的例子以及相应的矩阵表达。

例 1.1   缩放变换

缩放变换为线性变换，表达式为 $T(x,y)=(kx,ky)$。该线性变换将平面上的点 (x,y) 缩放为 (kx,ky)。其对应的矩阵为缩放矩阵，即

$$\mathbf{T}=\begin{bmatrix} k & 0 \\ 0 & k \end{bmatrix}$$

当 $k=0.5$ 时，该变换将平面上的绿色图形缩小为蓝色图形 (如图 1.3)。

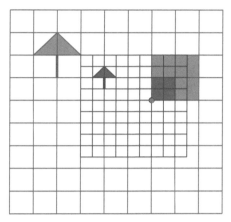

图 1.3 缩放变换

本图中缩放度为 $k = 0.5$, 绿色图形为变换前, 蓝色图形为变换后

例 1.2 反射变换

反射变换为线性变换, 平面上关于 y 轴的反射变换表达式为 $T(x, y)$ $= (-x, y)$。该变换将平面上的点 (x, y) 相对于 y 轴镜面反射为 $(-x, y)$。其对应的矩阵为反射矩阵, 即

$$
\mathbf{T} = \begin{bmatrix} -1 & 0 \\ 0 & 1 \end{bmatrix}
$$

在该变换作用下, 平面上的绿色图形镜面反射为蓝色图形 (如图 1.4)。

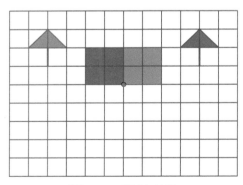

图 1.4 反射变换

本例为关于纵轴的镜面反射, 绿色图形为变换前, 蓝色图形为变换后

例 1.3   旋转变换

旋转变换为线性变换，平面上的旋转变换表达式为

$$T(x, y) = (\cos(\theta) x - \sin(\theta) y, \sin(\theta) x + \cos(\theta) y)$$

该线性变换将平面上与点 (x, y) 对应的向量逆时针旋转 θ 角，其对应的矩阵为旋转矩阵，可以表示为

$$\mathbf{T} = \begin{bmatrix} \cos(\theta) & -\sin(\theta) \\ \sin(\theta) & \cos(\theta) \end{bmatrix}$$

当 $\theta = 45°$ 时，在该变换作用下，平面上的绿色图形旋转为蓝色图形 (如图 1.5)。

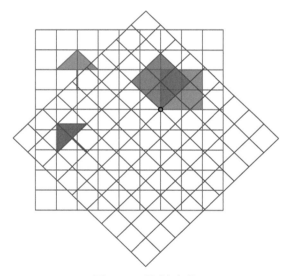

图 1.5   旋转变换

在本例中旋转角度为 45°(逆时针)，绿色图形为变换前，蓝色图形为变换后

例 1.4   剪切变换

剪切变换为线性变换，平面上的水平剪切变换表达式为 $T(x, y) = (x + ky, y)$。该线性变换将平面上的点 (x, y) 变为 $(x + ky, y)$，其中 k 为

剪切度。其对应的矩阵为剪切矩阵，可以表示为

$$\mathbf{T} = \begin{bmatrix} 1 & k \\ 0 & 1 \end{bmatrix}$$

当 $k = 1.25$ 时，在该变换作用下，平面上的绿色图形被水平剪切变换为蓝色图形 (如图 1.6)。

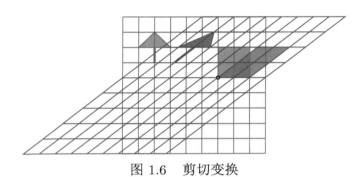

图 1.6　剪切变换

本例为水平方向剪切 (或错切)，绿色图形为变换前，蓝色图形为变换后

例 1.5　挤压变换

挤压变换为线性变换，平面上的挤压变换表达式为 $T(x, y) = (k_1 x, k_2 y)$。其中图 1.1 的例子就是一种特定的 $(k_1 = 2, k_2 = 0.5)$ 挤压变换。另外，缩放变换也可以看作挤压变换的特殊情形。

例 1.6　投影变换

投影变换为线性变换，平面上沿着垂直方向往水平方向投影的变换表达式为 $T(x, y) = (x, 0)$。该线性变换将平面上的点 (x, y) 沿垂直方向投影为 $(x, 0)$。其对应的矩阵为投影矩阵，即

$$\mathbf{T} = \begin{bmatrix} 1 & 0 \\ 0 & 0 \end{bmatrix}$$

在该变换作用下，平面上的绿色图形都被投影到水平蓝色线段 (如图 1.7)。

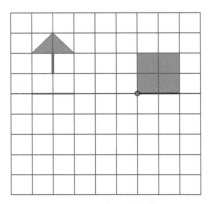

图 1.7   投影变换

沿垂直方向往水平方向投影，绿色图形为变换前，蓝色图形为变换后

例 1.7   置换变换

置换变换为线性变换，如 $T(x_1, x_2, x_3, x_4) = (x_3, x_2, x_1, x_4)$。该变换将 4 维空间的点 (x_1, x_2, x_3, x_4) 中第一和第三个元素置换变为 (x_3, x_2, x_1, x_4)。其对应的矩阵为置换矩阵，可以表示为

$$\mathbf{T} = \begin{bmatrix} 0 & 0 & 1 & 0 \\ 0 & 1 & 0 & 0 \\ 1 & 0 & 0 & 0 \\ 0 & 0 & 0 & 1 \end{bmatrix}$$

由于维数较高，将不再图示本变换的效果。置换矩阵有三个特殊形式：交换矩阵、互换矩阵和移位矩阵。下面给出移位变换和移位矩阵的例子。

例 1.8   移位变换

移位变换为线性变换，如 $T(x_1, x_2, x_3, x_4) = (x_2, x_3, x_4, x_1)$，该线性变换将 4 维空间的点 (x_1, x_2, x_3, x_4) 移位变换为 (x_2, x_3, x_4, x_1)。其对应的矩阵为移位矩阵 (也叫循环移位矩阵)，可以表示为

$$\mathbf{T} = \begin{bmatrix} 0 & 1 & 0 & 0 \\ 0 & 0 & 1 & 0 \\ 0 & 0 & 0 & 1 \\ 1 & 0 & 0 & 0 \end{bmatrix}$$

移位变换是最简单的循环变换。

以上这些例子是我们经常遇到的线性变换或线性映射。可以发现，每一个线性变换均与一个矩阵对应。一定程度上可以说，矩阵正是为了描述、研究自然界中的线性变换而引入的。

1.2 线性变换与矩阵

在数学上，**线性映射**指的是从一个线性空间 V 到另外一个线性空间 W 的满足如下两条性质的映射 T：

$$T(k\mathbf{x}) = kT(\mathbf{x})$$
$$T(\mathbf{x} + \mathbf{y}) = T(\mathbf{x}) + T(\mathbf{y})$$

而**线性变换**则是指线性空间 V 到其自身的线性映射。

值得注意的是，平移操作并不是线性变换！比如，实轴上向右平移一个单位的变换可以表示为 $T(x) = x+1$。对于任意实数 y，在此平移操作的作用下，都有 $T(y) = y+1$。对于任意实数 x, y，它们的和 $x+y$ 必然也为实数，因此必然有 $T(x + y) = x+y+1$。而 $T(x)+T(y) = x+y+2$，因此 $T(x + y) \neq T(x) + T(y)$。

假设 $\mathbf{e}_1, \mathbf{e}_2, \cdots, \mathbf{e}_n$ 是 n 维线性空间 V 的一组基 (或基底)，且 $\mathbf{e}_1, \mathbf{e}_2, \cdots, \mathbf{e}_n$ 在线性变换 T 下的像为 $T\mathbf{e}_1, T\mathbf{e}_2, \cdots, T\mathbf{e}_n$，显然它们可以由 $\mathbf{e}_1, \mathbf{e}_2, \cdots, \mathbf{e}_n$ 线性表出，假设

$$\begin{cases} T\mathbf{e}_1 = a_{11}\mathbf{e}_1 + a_{21}\mathbf{e}_2 + \cdots + a_{n1}\mathbf{e}_n \\ T\mathbf{e}_2 = a_{12}\mathbf{e}_1 + a_{22}\mathbf{e}_2 + \cdots + a_{n2}\mathbf{e}_n \\ \qquad\qquad\qquad \vdots \\ T\mathbf{e}_n = a_{1n}\mathbf{e}_1 + a_{2n}\mathbf{e}_2 + \cdots + a_{nn}\mathbf{e}_n \end{cases}$$

即

$$T\left(\mathbf{e}_1, \mathbf{e}_2, \cdots, \mathbf{e}_n\right) = \left(T\mathbf{e}_1, T\mathbf{e}_2, \cdots, T\mathbf{e}_n\right) = \left(\mathbf{e}_1, \mathbf{e}_2, \cdots, \mathbf{e}_n\right)\mathbf{T} \qquad (1.1)$$

其中,

$$\mathbf{T} = \begin{bmatrix} a_{11} & a_{12} & \cdots & a_{1n} \\ a_{21} & a_{22} & \cdots & a_{2n} \\ \vdots & \vdots & \ddots & \vdots \\ a_{n1} & a_{n2} & \cdots & a_{nn} \end{bmatrix}$$

称之为线性变换 T 在 $\mathbf{e}_1, \mathbf{e}_2, \cdots, \mathbf{e}_n$ 这组基下的矩阵。公式 (1.1) 表明,在给定一组基的情况下,有限维线性空间上的任意线性变换,都唯一对应一个矩阵。

对于 n 维线性空间 V 的任意元素 $\mathbf{x} = x_1\mathbf{e}_1 + x_2\mathbf{e}_2 + \cdots + x_n\mathbf{e}_n$,将 T 作用于该元素并利用公式 (1.1),有

$$T\left(\mathbf{x}\right) = T\left(x_1\mathbf{e}_1 + x_2\mathbf{e}_2 + \cdots + x_n\mathbf{e}_n\right) = \left(\mathbf{e}_1, \mathbf{e}_2, \cdots, \mathbf{e}_n\right)\mathbf{T}\mathbf{x} \qquad (1.2)$$

从公式 (1.2) 可以看出,$\mathbf{T}\mathbf{x}$ 的分量即为 $T\left(\mathbf{x}\right)$ 在 $\mathbf{e}_1, \mathbf{e}_2, \cdots, \mathbf{e}_n$ 这组基下的坐标。这意味着,当给定了线性空间的一组基之后,用一个线性变换作用于线性空间中的元素,等价于该线性变换在该组基下所对应的矩阵与该元素在该组基下所对应的向量的乘积。

注　严格而言,公式 (1.2) 中的第一个 $\mathbf{x}$ 为线性空间的元素,它本身是一个线性空间中与基的选择无关的量;而第二个 $\mathbf{x}$ 为该元素在 $\mathbf{e}_1, \mathbf{e}_2, \cdots, \mathbf{e}_n$ 这组基下所对应的向量,它取决于基底的选择。关于这一点,第 2 章会做进一步补充,这里就不再赘述。

1.3　小　　结

至此,本章的内容总结为以下 2 条:

(1) 线性变换是自然界中最为常见的物理过程,该过程是不依赖于坐标系的客观存在。

(2) 为了定量描述自然界中的线性变换, 需要引入坐标系。在给定一组基底的情况下, 任意一个有限维线性空间的线性变换都与一个矩阵对应。也就是说, 矩阵是描述线性变换这种物理过程的天然工具。

第 2 章　矩阵相似与矩阵合同

由第 1 章的内容，我们知道，在给定坐标系的情况下，任意一个有限维的线性变换都唯一对应一个矩阵。那么，当选用不同的坐标系时，同一个线性变换所对应的矩阵是否相同？如果不同的话，它们又有什么关系呢？本章将着重对这一问题展开讨论。

2.1　矩　阵　相　似

2.1.1　坐标系与向量

1637 年，笛卡儿 (Descartes) 引入了现代数学的基础工具之一——坐标系，将代数与几何结合，创立了解析几何学。坐标系的引入，极大地方便了代数、几何等诸多问题的研究。具体到矩阵和线性代数而言，坐标系的引入将图形的变换转化为坐标的变换，这使得我们对自然界中线性变换的描述与研究从定性走向定量。

当给定一个坐标系，平面上的任意一点就可以建立坐标的概念。如图 2.1，当我们选择 Oxy 直角坐标系时，相当于指定 $\xi = \{(1,0),(0,1)\}$ 作为平面的一组基。此时，A,B,C,D 的坐标分别为 $(2,2)$, $(-2,2)$, $(-2,-2)$, $(2,-2)$。相应地，当我们选择 $Ox'y'$ 直角坐标系时，相当于指定 $\eta = \{(\sqrt{2}/2, \sqrt{2}/2), (-\sqrt{2}/2, \sqrt{2}/2)\}$ 作为平面的基底。此时，这 4 个点的坐标则分别为 $(2\sqrt{2},0)$, $(0,2\sqrt{2})$, $(-2\sqrt{2},0)$, $(0,-2\sqrt{2})$。相似地，A',B',C',D' 在两个坐标系对应的坐标分别为 $(4,1)$, $(-4,1)$, $(-4,-1)$, $(4,-1)$ 和 $(5\sqrt{2}/2, -3\sqrt{2}/2)$, $(-3\sqrt{2}/2, 5\sqrt{2}/2)$, $(-5\sqrt{2}/2, 3\sqrt{2}/2)$, $(3\sqrt{2}/2, -5\sqrt{2}/2)$。可以看出，同一个点，在不同的坐标系中的坐标是不同的。

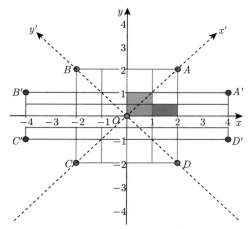

图 2.1　点的定量描述需要引入坐标系，同一个点在不同的坐标系中有不同的坐标

一般而言，对于一个给定的 n 维线性空间 V，假设 $\mathbf{e}_1, \mathbf{e}_2, \cdots, \mathbf{e}_n$ 为该空间的一组基底，则对于 V 上的任意一个元素 $\mathbf{x}$，都可以由这组基底线性表出，假设表达式为

$$\mathbf{x} = x_1\mathbf{e}_1 + x_2\mathbf{e}_2 + \cdots + x_n\mathbf{e}_n \tag{2.1}$$

则可以把 $\mathbf{x}$ 表示为有序 n 元组，即 $\mathbf{x} = (x_1, x_2, \cdots, x_n)$，称为 $\mathbf{x}$ 在这组基底下的坐标。或者也可以将其记为一个列向量，即

$$\mathbf{x} = \begin{bmatrix} x_1 \\ x_2 \\ \vdots \\ x_n \end{bmatrix}$$

为了节省空间，我们也可以将 $\mathbf{x}$ 表示为行向量的转置的形式，即

$$\mathbf{x} = \begin{bmatrix} x_1 & x_2 & \cdots & x_n \end{bmatrix}^{\mathrm{T}}$$

需要说明的是，尽管我们用同一个符号 $\mathbf{x}$ 同时表达线性空间中的元素和该元素在某组基下的向量。事实上，它们二者是不同的，线性空

间中的元素 $\mathbf{x}$ 是一个与基底选择无关的量，而该元素在一组基底下的向量 $\mathbf{x}$ 则依赖于基底的选择。对于一个 $\mathbf{x}$ 具体是线性空间中的元素还是它在某组基底下的向量，读者可以根据上下文判断。

一个线性空间的基底有无穷多种选择，当我们选择另外一组线性无关的向量 $\tilde{\mathbf{e}}_1, \tilde{\mathbf{e}}_2, \cdots, \tilde{\mathbf{e}}_n$ 作为 V 的基底时，V 中的元素 $\mathbf{x}$ 显然也可以由这组基底线性表出，假设表出系数为 $\tilde{x}_1, \tilde{x}_2, \cdots, \tilde{x}_n$，则有

$$\mathbf{x} = \tilde{x}_1 \tilde{\mathbf{e}}_1 + \tilde{x}_2 \tilde{\mathbf{e}}_2 + \cdots + \tilde{x}_n \tilde{\mathbf{e}}_n \tag{2.2}$$

即，$\mathbf{x}$ 在这组基下的坐标为 $\tilde{\mathbf{x}} = (\tilde{x}_1, \tilde{x}_2, \cdots, \tilde{x}_n)$，或者表示为向量的形式 $\tilde{\mathbf{x}} = \begin{bmatrix} \tilde{x}_1 & \tilde{x}_2 & \cdots & \tilde{x}_n \end{bmatrix}^{\mathrm{T}}$。

由 (2.1)，(2.2) 可以看出，线性空间中的元素 $\mathbf{x}$ 在不同坐标系下对应不同的坐标。事实上，线性空间中的元素 $\mathbf{x}$ 本身是一个不依赖于坐标系的抽象的量。只有给定一个坐标系，或者给定一组基底，抽象的 $\mathbf{x}$ 才会具象化，从而得到一个坐标，或者一个向量表达。换个角度而言，线性空间的元素 $\mathbf{x}$ 在某组基底下的向量表达可以认为是 $\mathbf{x}$ 在该组基底下的投影。

2.1.2　坐标转换

从上节的内容我们知道，线性空间中同一个元素在不同基底下的坐标是不同的，那么它们之间存在什么关系呢？

不失一般性，仍假设 $\mathbf{e}_1, \mathbf{e}_2, \cdots, \mathbf{e}_n$ 和 $\tilde{\mathbf{e}}_1, \tilde{\mathbf{e}}_2, \cdots, \tilde{\mathbf{e}}_n$ 为 n 维线性空间 V 的两组不同的基底。又因为 $\tilde{\mathbf{e}}_1, \tilde{\mathbf{e}}_2, \cdots, \tilde{\mathbf{e}}_n$ 中的每个元素必然可以由 $\mathbf{e}_1, \mathbf{e}_2, \cdots, \mathbf{e}_n$ 线性表出，假设表出形式为

$$\begin{cases} \tilde{\mathbf{e}}_1 = s_{11}\mathbf{e}_1 + s_{21}\mathbf{e}_2 + \cdots + s_{n1}\mathbf{e}_n \\ \tilde{\mathbf{e}}_2 = s_{12}\mathbf{e}_1 + s_{22}\mathbf{e}_2 + \cdots + s_{n2}\mathbf{e}_n \\ \qquad\qquad\vdots \\ \tilde{\mathbf{e}}_n = s_{1n}\mathbf{e}_1 + s_{2n}\mathbf{e}_2 + \cdots + s_{nn}\mathbf{e}_n \end{cases} \tag{2.3}$$

记

$$\mathbf{S} = \begin{bmatrix} s_{11} & s_{12} & \cdots & s_{1n} \\ s_{21} & s_{22} & \cdots & s_{2n} \\ \vdots & \vdots & \ddots & \vdots \\ s_{n1} & s_{n2} & \cdots & s_{nn} \end{bmatrix}$$

则 $\mathbf{S}$ 称为从基底 $\mathbf{e}_1, \mathbf{e}_2, \cdots, \mathbf{e}_n$ 到基底 $\tilde{\mathbf{e}}_1, \tilde{\mathbf{e}}_2, \cdots, \tilde{\mathbf{e}}_n$ 的**过渡矩阵**。

将 (2.3) 表示为矩阵形式，有

$$(\mathbf{e}_1, \mathbf{e}_2, \cdots, \mathbf{e}_n)\, \mathbf{S} = (\tilde{\mathbf{e}}_1, \tilde{\mathbf{e}}_2, \cdots, \tilde{\mathbf{e}}_n) \qquad (2.4)$$

对于线性空间上的元素 P，假设它在基底 $\mathbf{e}_1, \mathbf{e}_2, \cdots, \mathbf{e}_n$ 下的坐标向量为 $\mathbf{p} = \begin{bmatrix} p_1 & p_2 & \cdots & p_n \end{bmatrix}^{\mathrm{T}}$，而在基底 $\tilde{\mathbf{e}}_1, \tilde{\mathbf{e}}_2, \cdots, \tilde{\mathbf{e}}_n$ 下的坐标向量为 $\tilde{\mathbf{p}} = \begin{bmatrix} \tilde{p}_1 & \tilde{p}_2 & \cdots & \tilde{p}_n \end{bmatrix}^{\mathrm{T}}$。尽管 $\mathbf{p} \neq \tilde{\mathbf{p}}$，但由于它们都对应同一个点 P，根据公式 (2.1)，(2.2) 必然有

$$p_1 \mathbf{e}_1 + p_2 \mathbf{e}_2 + \cdots + p_n \mathbf{e}_n = \tilde{p}_1 \tilde{\mathbf{e}}_1 + \tilde{p}_2 \tilde{\mathbf{e}}_2 + \cdots + \tilde{p}_n \tilde{\mathbf{e}}_n$$

即

$$(\mathbf{e}_1, \mathbf{e}_2, \cdots, \mathbf{e}_n)\, \mathbf{p} = (\tilde{\mathbf{e}}_1, \tilde{\mathbf{e}}_2, \cdots, \tilde{\mathbf{e}}_n)\, \tilde{\mathbf{p}} \qquad (2.5)$$

将公式 (2.4) 带入 (2.5) 有

$$(\mathbf{e}_1, \mathbf{e}_2, \cdots, \mathbf{e}_n)\, \mathbf{p} = (\mathbf{e}_1, \mathbf{e}_2, \cdots, \mathbf{e}_n)\, \mathbf{S}\tilde{\mathbf{p}} \qquad (2.6)$$

由 (2.6) 得

$$\mathbf{p} = \mathbf{S}\tilde{\mathbf{p}} \qquad (2.7)$$

公式 (2.7) 即为线性空间上同一个点在不同坐标系下的坐标转换公式。

从公式 (2.7) 可以看出，尽管同一个点在不同基底下具有不同的坐标值，但是它们之间可以通过两组基底间的过渡矩阵建立关联 (如图 2.2)。

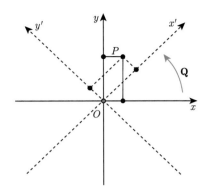

图 2.2　点在不同坐标系之间的坐标转换关系

本图中，直角坐标系 $Ox'y'$ 可以由直角坐标系 Oxy 逆时针旋转 $45°$ 得到，即过渡矩阵为平面上逆时针旋转 $45°$ 的矩阵 $\mathbf{Q}$。相应地，平面上任意一点 P 在 Oxy 坐标系中对应的向量 $\mathbf{p}$ 和该点在 $Ox'y'$ 坐标系中对应的向量 $\tilde{\mathbf{p}}$ 存在如下关系：$\mathbf{p} = \mathbf{Q}\tilde{\mathbf{p}}$

仍以图 2.1 中的两个坐标系为例，显然坐标系 $Ox'y'$ 可由坐标系 Oxy 逆时针旋转 $45°$ 得到。可以验证，从 Oxy 坐标系到 $Ox'y'$ 坐标系的过渡矩阵为

$$\mathbf{Q} = \begin{bmatrix} \cos\left(\pi/4\right) & -\sin\left(\pi/4\right) \\ \sin\left(\pi/4\right) & \cos\left(\pi/4\right) \end{bmatrix}$$

假设平面上的点 P 在 Oxy 和 $Ox'y'$ 两个坐标系下的坐标向量分别为 $\mathbf{p} = \begin{bmatrix} p_1 & p_2 \end{bmatrix}^{\mathrm{T}}$ 和 $\tilde{\mathbf{p}} = \begin{bmatrix} \tilde{p}_1 & \tilde{p}_2 \end{bmatrix}^{\mathrm{T}}$，则这两个向量之间的关系为

$$\mathbf{p} = \mathbf{Q}\tilde{\mathbf{p}}$$

2.1.3　相似矩阵

正如第 1 章中所讲，在给定坐标系下，每一个有限维线性空间中的线性变换都对应着一个矩阵。以图 2.1 中的线性变换为例，在以 $\xi = \{(1,0),(0,1)\}$ 为基底的 Oxy 直角坐标系中，点 A, B, C, D 经过挤压变换变为点 A', B', C', D'，即

$$T : \begin{pmatrix} 2 & -2 & -2 & 2 \\ 2 & 2 & -2 & -2 \end{pmatrix} \rightarrow \begin{pmatrix} 4 & -4 & -4 & 4 \\ 1 & 1 & -1 & -1 \end{pmatrix}$$

容易验证，该线性变换对应的矩阵为

$$\mathbf{T} = \begin{bmatrix} 2 & 0 \\ 0 & 0.5 \end{bmatrix}$$

而如果我们选择 $\eta = \{(\sqrt{2}/2, \sqrt{2}/2), (-\sqrt{2}/2, \sqrt{2}/2)\}$ 为基底，则该线性变换下上述 4 个点对应的坐标变换关系为

$$T : \begin{pmatrix} 2\sqrt{2} & 0 & -2\sqrt{2} & 0 \\ 0 & 2\sqrt{2} & 0 & -2\sqrt{2} \end{pmatrix}$$

$$\rightarrow \begin{pmatrix} 5\sqrt{2}/2 & -3\sqrt{2}/2 & -5\sqrt{2}/2 & 3\sqrt{2}/2 \\ -3\sqrt{2}/2 & 5\sqrt{2}/2 & 3\sqrt{2}/2 & -5\sqrt{2}/2 \end{pmatrix}$$

容易验证，该线性变换对应的矩阵为

$$\tilde{\mathbf{T}} = \begin{bmatrix} 1.25 & -0.75 \\ -0.75 & 1.25 \end{bmatrix}$$

我们不难看出，$\tilde{\mathbf{T}} \neq \mathbf{T}$！即，对于同一个物理的线性挤压过程，当我们选择不同的坐标系或者基底时，所对应的矩阵是不相同的。那么读者不免要问，$\mathbf{T}$ 和 $\tilde{\mathbf{T}}$ 之间存在什么关联呢？

对于 V 上的任意线性变换 T，将其分别作用于 $\mathbf{e}_1, \mathbf{e}_2, \cdots, \mathbf{e}_n$ 和 $\tilde{\mathbf{e}}_1, \tilde{\mathbf{e}}_2, \cdots, \tilde{\mathbf{e}}_n$ 这两组基底，根据公式 (1.1)，有

$$T(\mathbf{e}_1, \mathbf{e}_2, \cdots, \mathbf{e}_n) = (\mathbf{e}_1, \mathbf{e}_2, \cdots, \mathbf{e}_n)\mathbf{T} \tag{2.8}$$

$$T(\tilde{\mathbf{e}}_1, \tilde{\mathbf{e}}_2, \cdots, \tilde{\mathbf{e}}_n) = (\tilde{\mathbf{e}}_1, \tilde{\mathbf{e}}_2, \cdots, \tilde{\mathbf{e}}_n)\tilde{\mathbf{T}} \tag{2.9}$$

结合 (2.4)，(2.8)，(2.9)，可得

$$T(\tilde{\mathbf{e}}_1, \tilde{\mathbf{e}}_2, \cdots, \tilde{\mathbf{e}}_n) = T(\mathbf{e}_1, \mathbf{e}_2, \cdots, \mathbf{e}_n)\mathbf{S} = (\mathbf{e}_1, \mathbf{e}_2, \cdots, \mathbf{e}_n)\mathbf{T}\mathbf{S}$$

$$T(\tilde{\mathbf{e}}_1, \tilde{\mathbf{e}}_2, \cdots, \tilde{\mathbf{e}}_n) = (\tilde{\mathbf{e}}_1, \tilde{\mathbf{e}}_2, \cdots, \tilde{\mathbf{e}}_n)\tilde{\mathbf{T}} = (\mathbf{e}_1, \mathbf{e}_2, \cdots, \mathbf{e}_n)\mathbf{S}\tilde{\mathbf{T}}$$

于是有

$$(\mathbf{e}_1, \mathbf{e}_2, \cdots, \mathbf{e}_n)\,\mathbf{TS} = (\mathbf{e}_1, \mathbf{e}_2, \cdots, \mathbf{e}_n)\,\mathbf{S}\tilde{\mathbf{T}} \tag{2.10}$$

因此

$$\tilde{\mathbf{T}} = \mathbf{S}^{-1}\mathbf{TS} \tag{2.11}$$

即同一个线性变换在不同基底下的矩阵是不同的，它们之间可以通过两组基底的过渡矩阵建立关联，而这就引出了矩阵相似或相似矩阵的概念。

定义 2.1   对于任意两个矩阵 $\mathbf{A}$ 和 $\mathbf{B}$，如果存在非奇异矩阵 $\mathbf{P}$ 使得下面公式成立：$\mathbf{B} = \mathbf{P}^{-1}\mathbf{AP}$，则称矩阵 $\mathbf{A}$ 和 $\mathbf{B}$ 相似，或者称 $\mathbf{A}$ 和 $\mathbf{B}$ 为**相似矩阵**。

再回到图 2.1 中的线性变换。从上节内容可知，坐标系 $\xi = \{(1, 0), (0, 1)\}$ 到坐标系 $\eta = \{(\sqrt{2}/2, \sqrt{2}/2), (-\sqrt{2}/2, \sqrt{2}/2)\}$ 的过渡矩阵为一个逆时针旋转 $45°$ 的正交矩阵

$$\mathbf{S} = \mathbf{Q} = \begin{bmatrix} \cos(\pi/4) & -\sin(\pi/4) \\ \sin(\pi/4) & \cos(\pi/4) \end{bmatrix} = \begin{bmatrix} \sqrt{2}/2 & -\sqrt{2}/2 \\ \sqrt{2}/2 & \sqrt{2}/2 \end{bmatrix}$$

可以验证 $\tilde{\mathbf{T}}$ 和 $\mathbf{T}$ 确实满足公式 (2.11) 中的关系，即

$$\tilde{\mathbf{T}} = \begin{bmatrix} 1.25 & -0.75 \\ -0.75 & 1.25 \end{bmatrix}$$

$$= \begin{bmatrix} \sqrt{2}/2 & \sqrt{2}/2 \\ -\sqrt{2}/2 & \sqrt{2}/2 \end{bmatrix} \begin{bmatrix} 2 & 0 \\ 0 & 0.5 \end{bmatrix} \begin{bmatrix} \sqrt{2}/2 & -\sqrt{2}/2 \\ \sqrt{2}/2 & \sqrt{2}/2 \end{bmatrix} = \mathbf{S}^{-1}\mathbf{TS}$$

接下来，我们从线性变换的角度对公式 (2.11) 进行如下解读。为了实现图 2.1 中的线性变换，我们可以直接在标准正交坐标系 ξ 中用矩阵 $\mathbf{T}$ 作用于对象在此坐标系 (ξ 为基底) 中的向量，也可以在坐标系 η 中用 $\tilde{\mathbf{T}}$ 作用于对象在此坐标系 (η 为基底) 中的向量。而坐标系 η 中的作用可以等价地认为由如下三个步骤组成：

(1) 将坐标系 η 中点的坐标根据坐标变换公式 (2.7) 变换回该点在坐标系 ξ 中的坐标, 对应的变换矩阵为 $\mathbf{S}$;

(2) 在坐标系 ξ 中用矩阵 $\mathbf{T}$ 对新坐标进行线性变换;

(3) 用矩阵 $\mathbf{S}^{-1}$ 将坐标系 ξ 中的坐标转换到坐标系 η 中。

经过这三个步骤, 我们即可在以 η 为基底的坐标系中实现与原始标准正交坐标系 (以 ξ 为基底) 中完全等价的线性变换。

综上所述, 当我们选择在不同的坐标系中去表达同一个物理的线性变换时, 对应的矩阵也是不同的。幸运的是, 我们可以通过矩阵相似或相似矩阵的概念将这两个不同的矩阵通过公式 (2.11) 联系起来。换句话说, 两个相似的矩阵背后对应着同一个线性的物理过程, 这也可以认为就是矩阵相似的物理本质。

事实上, 线性空间上的线性变换 T 本身是一个不依赖于坐标系的抽象的量, 或者说是一个看不见、摸不着却又客观存在的物理量。只有给定一个坐标系, 或者给定一组基底, 抽象的线性变换 T 才会具象化, 从而对应一个矩阵。也可以说, 线性空间上的线性变换 T 在某组基底下的矩阵表示可以认为是抽象的线性变换 T 在该组基底下的投影。

2.2　矩阵合同 [选读]

矩阵合同是一个容易与矩阵相似产生混淆的概念, 因此我们本节将对这一概念进行介绍。

2.2.1　直线的长度

在本节, 我们首先从一条直线的长度谈起。为了计算图 2.3 中蓝色线段的长度, 我们可以首先在平面上建立一个 Oxy 直角坐标系。为了方便计算起见, 我们可以把坐标系的原点放在线段的一端, 这样, 线段的末端点 A 对应平面上的一个向量。假设该向量为 $\mathbf{a} = \begin{bmatrix} a_1 & a_2 \end{bmatrix}^{\mathrm{T}}$, 则线段的长度等于该向量的长度。容易得到, 向量 $\mathbf{a}$ 的长度的平方为

$$\|\mathbf{a}\|^2 = a_1^2 + a_2^2 \tag{2.12}$$

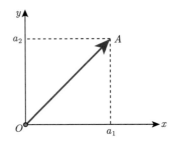

图 2.3   直角坐标系下的线段长度：$\|\mathbf{a}\|^2 = a_1^2 + a_2^2$

接下来我们建立一个 $Ox'y'$ 斜角坐标系，其中 x 轴保持不变，旋转 y 轴使得其与 x 轴的夹角为 θ，在此坐标系下 (图 2.4)，点 A 对应的向量为 $\tilde{\mathbf{a}} = \begin{bmatrix} \tilde{a}_1 & \tilde{a}_2 \end{bmatrix}^{\mathrm{T}}$，根据余弦定理可得该向量长度的平方为

$$\|\tilde{\mathbf{a}}\|^2 = \tilde{a}_1^2 + \tilde{a}_2^2 + 2\tilde{a}_1\tilde{a}_2 \cos(\theta) \tag{2.13}$$

从 (2.12), (2.13) 可以看出，尽管两个公式都可以用来计算线段的长度，但是它们的表达式完全不同，那么它们之间存在什么关联呢？

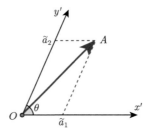

图 2.4   斜角坐标系下的线段长度：$\|\tilde{\mathbf{a}}\|^2 = \tilde{a}_1^2 + \tilde{a}_2^2 + 2\tilde{a}_1\tilde{a}_2 \cos(\theta)$

2.2.2   合同矩阵

一般地，对于 n 维线性空间 V 中的任意两个向量

$$x_1\mathbf{e}_1 + x_2\mathbf{e}_2 + \cdots + x_n\mathbf{e}_n, \quad y_1\mathbf{e}_1 + y_2\mathbf{e}_2 + \cdots + y_n\mathbf{e}_n$$

可以定义它们的内积为

$$\left\langle \sum_{i=1}^{n} x_i\mathbf{e}_i, \sum_{j=1}^{n} y_j\mathbf{e}_j \right\rangle = \sum_{i=1}^{n}\sum_{j=1}^{n} x_iy_j \langle \mathbf{e}_i, \mathbf{e}_j \rangle = \mathbf{x}^{\mathrm{T}}\mathbf{G}\mathbf{y} \tag{2.14}$$

其中 $\mathbf{x} = \begin{bmatrix} x_1 & x_2 & \cdots & x_n \end{bmatrix}^{\mathrm{T}}, \mathbf{y} = \begin{bmatrix} y_1 & y_2 & \cdots & y_n \end{bmatrix}^{\mathrm{T}}$,

$$\mathbf{G} = \begin{bmatrix} \langle \mathbf{e}_1, \mathbf{e}_1 \rangle & \langle \mathbf{e}_1, \mathbf{e}_2 \rangle & \cdots & \langle \mathbf{e}_1, \mathbf{e}_n \rangle \\ \langle \mathbf{e}_2, \mathbf{e}_1 \rangle & \langle \mathbf{e}_2, \mathbf{e}_2 \rangle & \cdots & \langle \mathbf{e}_2, \mathbf{e}_n \rangle \\ \vdots & \vdots & \ddots & \vdots \\ \langle \mathbf{e}_n, \mathbf{e}_1 \rangle & \langle \mathbf{e}_n, \mathbf{e}_2 \rangle & \cdots & \langle \mathbf{e}_n, \mathbf{e}_n \rangle \end{bmatrix}$$

矩阵 $\mathbf{G}$ 称为线性空间在 $\mathbf{e}_1, \mathbf{e}_2, \cdots, \mathbf{e}_n$ 这组基下的**度规矩阵**或**度量矩阵**。

同样地，对于线性空间的另外一组基 $\tilde{\mathbf{e}}_1, \tilde{\mathbf{e}}_2, \cdots, \tilde{\mathbf{e}}_n$，可以得到线性空间在这组基下的度规矩阵为

$$\tilde{\mathbf{G}} = \begin{bmatrix} \langle \tilde{\mathbf{e}}_1, \tilde{\mathbf{e}}_1 \rangle & \langle \tilde{\mathbf{e}}_1, \tilde{\mathbf{e}}_2 \rangle & \cdots & \langle \tilde{\mathbf{e}}_1, \tilde{\mathbf{e}}_n \rangle \\ \langle \tilde{\mathbf{e}}_2, \tilde{\mathbf{e}}_1 \rangle & \langle \tilde{\mathbf{e}}_2, \tilde{\mathbf{e}}_2 \rangle & \cdots & \langle \tilde{\mathbf{e}}_2, \tilde{\mathbf{e}}_n \rangle \\ \vdots & \vdots & \ddots & \vdots \\ \langle \tilde{\mathbf{e}}_n, \tilde{\mathbf{e}}_1 \rangle & \langle \tilde{\mathbf{e}}_n, \tilde{\mathbf{e}}_2 \rangle & \cdots & \langle \tilde{\mathbf{e}}_n, \tilde{\mathbf{e}}_n \rangle \end{bmatrix}$$

假设从 $\mathbf{e}_1, \mathbf{e}_2, \cdots, \mathbf{e}_n$ 到 $\tilde{\mathbf{e}}_1, \tilde{\mathbf{e}}_2, \cdots, \tilde{\mathbf{e}}_n$ 的过渡矩阵为 $\mathbf{S}$，根据公式 (2.4) 可得到 (请读者自行推导)

$$\tilde{\mathbf{G}} = \mathbf{S}^{\mathrm{T}}\mathbf{G}\mathbf{S} \tag{2.15}$$

这便引出了矩阵合同或合同矩阵的概念。

定义 2.2 对于任意两个方阵 $\mathbf{A}$ 和 $\mathbf{B}$，如果存在非奇异矩阵 $\mathbf{P}$ 使得下面公式成立：$\mathbf{B} = \mathbf{P}^{\mathrm{T}}\mathbf{A}\mathbf{P}$，则称矩阵 $\mathbf{A}$ 和 $\mathbf{B}$ 合同，或者称 $\mathbf{A}$ 和 $\mathbf{B}$ 为**合同矩阵**。

我们再回到上节中关于线段长度的例子，重新把公式 (2.12) 表达为矩阵的二次型形式，有

$$\|\mathbf{a}\|^2 = \begin{bmatrix} a_1 & a_2 \end{bmatrix} \begin{bmatrix} 1 & 0 \\ 0 & 1 \end{bmatrix} \begin{bmatrix} a_1 \\ a_2 \end{bmatrix}$$

同样地，公式 (2.13) 也可以表示为矩阵的二次型形式

$$\|\tilde{\mathbf{a}}\|^2 = \begin{bmatrix} \tilde{a}_1 & \tilde{a}_2 \end{bmatrix} \begin{bmatrix} 1 & \cos(\theta) \\ \cos(\theta) & 1 \end{bmatrix} \begin{bmatrix} \tilde{a}_1 \\ \tilde{a}_2 \end{bmatrix}$$

记

$$\mathbf{G} = \begin{bmatrix} 1 & 0 \\ 0 & 1 \end{bmatrix}, \quad \tilde{\mathbf{G}} = \begin{bmatrix} 1 & \cos(\theta) \\ \cos(\theta) & 1 \end{bmatrix}$$

则它们分别为 Oxy 直角坐标系和 $Ox'y'$ 斜角坐标系的度规矩阵。

根据公式 (2.7) 以及这两个平面坐标系之间的关系，可以得到从直角坐标系到斜角坐标系的过渡矩阵为 (请读者自行验证)

$$\mathbf{S} = \begin{bmatrix} 1 & \cos(\theta) \\ 0 & \sin(\theta) \end{bmatrix}$$

容易验证

$$\tilde{\mathbf{G}} = \begin{bmatrix} 1 & \cos(\theta) \\ \cos(\theta) & 1 \end{bmatrix}$$

$$= \begin{bmatrix} 1 & \cos(\theta) \\ 0 & \sin(\theta) \end{bmatrix}^{\mathrm{T}} \begin{bmatrix} 1 & 0 \\ 0 & 1 \end{bmatrix} \begin{bmatrix} 1 & \cos(\theta) \\ 0 & \sin(\theta) \end{bmatrix} = \mathbf{S}^{\mathrm{T}} \mathbf{G} \mathbf{S}$$

即，平面上不同坐标系下的度规矩阵是合同的。

从上面的例子及公式 (2.15) 可以看出，线性空间在不同基底下的度规矩阵是不同的，但是它们之间是合同的。事实上，度规本身也是一个不依赖于坐标系的抽象的量，或者说是一个看不见、摸不着却又客观存在的物理量或者几何量，它直接反映了空间的平直性、均匀性等内在性质。只有给定了一组基，它才具象化为一个度规矩阵。可以认为，线性空间在某组基下的度规矩阵是抽象的度规张量在这组基下的投影。

2.3 小   结

至此，本章的内容总结为以下 5 条：

(1) 线性空间中的元素本身是一个不依赖于坐标系的抽象的量。只有给定一个坐标系，或者给定一组基底，抽象的线性空间的元素才会具象化，从而得到一个坐标，或者一个向量表达。因此，向量可以认为是线性空间的元素在一组基下的投影。

(2) 线性空间的同一个元素在不同坐标系或基底下的向量表达是不同的，但它们可以通过基底间的过渡矩阵建立关联。

(3) 线性变换本身源于线性的物理过程，它本身是一个与坐标系或基底的选择无关的抽象的量，只有给定一组基底，它才具象化为一个矩阵。因此，矩阵可以认为是线性变换在一组基下的投影。

(4) 同一个线性变换在不同基下的矩阵相似，也就是说，相似矩阵对应同一个线性变换。

(5) 同一个度规在不同基下的矩阵合同，也就是说，合同矩阵对应同一个度规。

第 3 章 矩阵特征分析

在第 1 章，我们介绍了缩放、旋转、反射、剪切等自然界中常见的物理过程，它们都可以归结为线性变换，因此这些基本的物理动作都可以用矩阵表达。那么，任意给定一个矩阵，它所对应的线性变换都包含哪些基本的物理过程呢？这个问题的回答归结于矩阵的特征值与特征向量分析。

3.1 矩阵的特征值与特征向量

接下来，首先给出矩阵的特征值与特征向量的定义。如果不做特别说明，本书只考虑实矩阵的特征分析问题。

定义 3.1 给定一个 $n \times n$ 矩阵 $\mathbf{A}$，如果存在标量 λ 和非零向量 $\mathbf{u}$，使得下面式子成立

$$\mathbf{Au} = \lambda\mathbf{u}, \quad \mathbf{u} \neq \mathbf{0} \tag{3.1}$$

则称 λ 为矩阵 $\mathbf{A}$ 的**特征值**，向量 $\mathbf{u}$ 为与 λ 对应的矩阵 $\mathbf{A}$ 的**特征向量**。

3.1.1 实特征值与特征向量

我们首先用一个简单的例子来说明矩阵实特征值与特征向量的物理含义。比如对于如下的矩阵

$$\mathbf{A} = \begin{bmatrix} 0.5 & 1 \\ 1 & 0.5 \end{bmatrix}$$

计算可得，该矩阵有两个实特征值，分别为 $\lambda_1 = 1.5, \lambda_2 = -0.5$。那么该矩阵对应什么样的线性变换呢？

首先，从图 3.1 中可以看到，在矩阵 $\mathbf{A}$ 的作用下，平面上的绿色正方形变换为蓝色菱形。接下来我们分析一下该线性变换包含了何种具体物理动作。通过观察，我们发现变换前后的图形有两个特殊的方向保持不变，即绿色图形上 G_1, G_2, G_3, G_4 4 个点，经过变换后变为蓝色图形上的 B_1, B_2, B_3, B_4 4 个点。而 G_1G_2 和 B_1B_2 在同一条直线上，G_3G_4 和 B_3B_4 也在同一条直线上。这两个变换前后保持不变的方向分别为

$$\mathbf{u}_1 = \begin{bmatrix} \sqrt{2}/2 & \sqrt{2}/2 \end{bmatrix}^{\mathrm{T}}, \quad \mathbf{u}_2 = \begin{bmatrix} \sqrt{2}/2 & -\sqrt{2}/2 \end{bmatrix}^{\mathrm{T}}$$

而它们正是矩阵 $\mathbf{A}$ 的特征向量，且满足 $\mathbf{A}\mathbf{u}_1 = \lambda_1\mathbf{u}_1, \mathbf{A}\mathbf{u}_2 = \lambda_2\mathbf{u}_2$。由于 $\lambda_1 = 1.5$，这说明，经过矩阵 $\mathbf{A}$ 的作用，被作用对象在 $\mathbf{u}_1 = \begin{bmatrix} \sqrt{2}/2 & \sqrt{2}/2 \end{bmatrix}^{\mathrm{T}}$ 方向有一个 1.5 倍的缩放；由于 $\lambda_2 = -0.5$ 为负数，因此，经过 $\mathbf{A}$ 的作用，被作用对象不但在 $\mathbf{u}_2 = \begin{bmatrix} \sqrt{2}/2 & -\sqrt{2}/2 \end{bmatrix}^{\mathrm{T}}$ 方向有一个 0.5 倍的缩放，同时还包含一个反射。

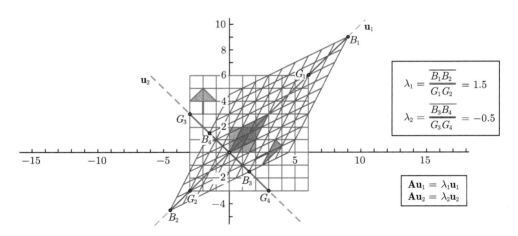

图 3.1 矩阵的特征值与特征向量的几何含义

当矩阵的特征值为实数时，特征向量为矩阵算子的不变方向，而特征值为相应特征向量方向的缩放度

事实上，当一个矩阵出现实特征值时，说明与该矩阵对应的线性变换包含了缩放的过程，且特征值的大小代表了在相应的特征向量方向缩

放的程度。此外，当特征值为负数时，说明在相应的特征向量方向上不但有缩放，同时还有反射。

3.1.2　复特征值与特征向量

对于一个包含复特征值的矩阵 $\mathbf{A}$，相应的特征向量必然也为复向量，并且复特征向量可以分为实部和虚部两个实向量。接下来，我们根据这两个实向量的关系分两种情形讨论矩阵的复特征值和特征向量的物理含义。

(1) 情形一

在本小节，我们首先讨论矩阵的复特征向量的实部和虚部这两个实向量可以构成或者等效构成标准正交系的情形。

比如，对于如下矩阵

$$\mathbf{A} = \begin{bmatrix} \sqrt{2}/2 & -\sqrt{2}/2 \\ \sqrt{2}/2 & \sqrt{2}/2 \end{bmatrix}$$

经过简单地计算，可以得到该矩阵有两个模为 1 且互为共轭的复特征值，分别为

$$\lambda_1 = e^{\pi i/4} = \frac{\sqrt{2}}{2} + \frac{\sqrt{2}}{2}i, \quad \lambda_2 = e^{-\pi i/4} = \frac{\sqrt{2}}{2} - \frac{\sqrt{2}}{2}i$$

相应的特征向量分别为

$$\mathbf{u}_1 = \begin{bmatrix} \dfrac{\sqrt{2}}{2} & -\dfrac{\sqrt{2}}{2}i \end{bmatrix}^{\mathrm{T}}, \quad \mathbf{u}_2 = \begin{bmatrix} \dfrac{\sqrt{2}}{2} & \dfrac{\sqrt{2}}{2}i \end{bmatrix}^{\mathrm{T}}$$

以 $\mathbf{u}_1$ 为例，明显可以看出 $\mathrm{Real}(\mathbf{u}_1) = \begin{bmatrix} \dfrac{\sqrt{2}}{2} & 0 \end{bmatrix}^{\mathrm{T}}$ 和 $\mathrm{Imag}(\mathbf{u}_1) = \begin{bmatrix} 0 & -\dfrac{\sqrt{2}}{2} \end{bmatrix}^{\mathrm{T}}$ 正交且长度相等。因此，以它们为基底可以等效构成标准正交系 (与标准正交系仅差一个常数)。

注 值得注意的是，当一个矩阵存在复特征值时，相应的复特征向量对是不唯一的。比如，可以验证

$$
\left[\begin{array}{cc} \dfrac{1}{2}+\dfrac{1}{2}i & \dfrac{1}{2}-\dfrac{1}{2}i \end{array}\right]^{\mathrm{T}}, \quad \left[\begin{array}{cc} \dfrac{1}{2}-\dfrac{1}{2}i & \dfrac{1}{2}+\dfrac{1}{2}i \end{array}\right]^{\mathrm{T}}
$$

也是矩阵 $\mathbf{A}$ 的复特征向量对。

接下来，我们观察一下矩阵 $\mathbf{A}$ 对应的线性变换都包含了何种具体物理动作。从图 3.2 可以看出，经过矩阵 $\mathbf{A}$ 的作用，平面上的绿色图形被逆时针旋转 45° 变为蓝色图形。那么平面上旋转 45° 这个动作和矩阵 $\mathbf{A}$ 的特征值和特征向量有什么关联吗？事实上，旋转的角度正隐藏在特征值的辐角中。在本例中，旋转的角度为 45°，特征值的辐角也正好为 $\mathrm{angle}\,(\lambda_1)=\dfrac{\pi}{4}$。那么特征向量又隐藏着什么秘密呢？事实上，这个旋转正好发生在分别以矩阵 $\mathbf{A}$ 的特征向量 $\mathbf{u}_1$ 的实部 $\mathrm{Real}\,(\mathbf{u}_1)$ 和虚部 $\mathrm{Imag}\,(\mathbf{u}_1)$ 为基底的坐标平面上。此外，旋转的方向也可以由特征值与特征向量共同确定。具体而言，规定特征向量的虚部向量的方向为第一坐标轴方向，实部向量的方向为第二坐标轴方向，从第一坐标轴出发旋向第二坐标轴所确定的方向即为旋转的正向。此时，当特征值的辐角为正值时，则代表相应的旋转方向为正向；而当特征值的辐角为负值时，则代表相应的旋转方向为负向。在本例中，可以认为该矩阵所对应的旋转为从 $\mathrm{Imag}\,(\mathbf{u}_1)$ 出发向 $\mathrm{Real}\,(\mathbf{u}_1)$ 方向旋转了 $\mathrm{angle}\,(\lambda_1)=\dfrac{\pi}{4}$ 角度，因此，可以判读出该旋转为一个逆时针方向的旋转。也可以用另外一对共轭的特征值 λ_2 和特征向量 $\mathbf{u}_2$ 做出同样的解释，即该矩阵对应的旋转为从 $\mathrm{Imag}\,(\mathbf{u}_2)=\left[\begin{array}{cc} 0 & \dfrac{\sqrt{2}}{2} \end{array}\right]^{\mathrm{T}}$ 出发向 $\mathrm{Real}\,(\mathbf{u}_2)=\left[\begin{array}{cc} \dfrac{\sqrt{2}}{2} & 0 \end{array}\right]^{\mathrm{T}}$ 方向旋转了 $\mathrm{angle}\,(\lambda_2)=-\dfrac{\pi}{4}$ 角度，因此，也可以判断出该旋转为逆时针旋转。

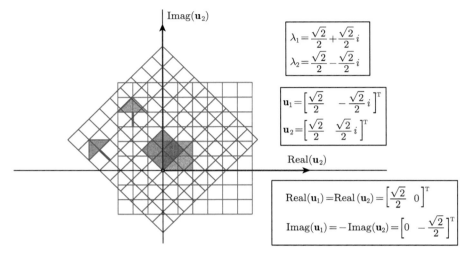

图 3.2　矩阵的特征值和特征向量的几何含义

矩阵的特征值为复数时，特征值及对应的特征向量必然以共轭的形式成对出现。此时对应的几何意义为旋转，旋转所在的平面为特征向量的实部和虚部张成的平面，旋转的角度则由特征值的辐角确定

上面的例子说明，当一个矩阵出现复特征值时，与该矩阵对应的线性变换包含旋转的过程。既然是旋转，就有两个重要的指标需要关注，其一是旋转了多少度，其二是旋转发生在哪里。神奇的是，这两个重要的指标正好分别隐藏在矩阵的特征值与特征向量之中。此外，旋转的方向也可以由特征值和特征向量共同确定。

(2) 情形二

在上面的例子中，矩阵复特征向量的实部和虚部所构建的坐标系可以等效为标准正交系。而有的矩阵不能满足以上条件，即矩阵的复特征向量的实部和虚部可能存在不正交或者长度不一致的情况。

比如如下矩阵

$$\mathbf{A} = \begin{bmatrix} \sqrt{2} & -\sqrt{2} \\ \sqrt{2}/2 & \sqrt{2}/2 \end{bmatrix}$$

对其进行特征分解 $\mathbf{A} = \mathbf{U}\mathbf{D}\mathbf{U}^{-1}$，其中特征值矩阵和特征向量矩

分别为

$$\mathbf{D} = \begin{bmatrix} 1.0607 + 0.9354i & 0 \\ 0 & 1.0607 - 0.9354i \end{bmatrix}$$

$$\mathbf{U} = \begin{bmatrix} 0.8165 & 0.8165 \\ 0.2041 - 0.5401i & 0.2041 + 0.5401i \end{bmatrix}$$

很明显，矩阵 $\mathbf{A}$ 的任意一个特征向量的实部向量和虚部向量既不等长，也不正交，因此无法等效为标准正交系的基底。

接下来，我们观察一下矩阵 $\mathbf{A}$ 对应的线性变换都包含了什么具体的物理动作。从图 3.3 可以看出，经过矩阵 $\mathbf{A}$ 的作用，平面上的绿色图形被线性变换为蓝色图形。那么对应的变换与矩阵的特征值和特征向量有什么关系呢？首先我们可以发现，该矩阵有两个互为共轭的复特征值，且第一个特征值的辐角为 $\mathrm{angle}(\lambda_1) = 0.7227$ 弧度，这说明该矩阵所对应的线性变换必然包含旋转的动作。但是经过简单地计算可知，变换前后，蓝色图形和绿色图形上各个对应向量的夹角未必是相同的，且可能都不等于 0.7227 弧度。比如，绿色图形上 A 点经过矩阵 $\mathbf{A}$ 的作用之后变为蓝色图形上的 A'，计算可知 OA 与 OA' 的夹角为 0.4636 弧度。而绿色图形上 B 点经过矩阵 $\mathbf{A}$ 的作用之后变为蓝色图形上的 B'，计算可知 OB 与 OB' 的夹角为 1.1071 弧度。可见这两个角度不相等，且都不等于特征值的辐角 0.7227 弧度！那么，读者难免要问，此时矩阵的特征值的辐角有什么意义呢？难道我们刚才关于复特征值的解释在这里不适用了吗？事实上，尽管 OA 与 OA' 的夹角，以及 OB 与 OB' 的夹角都不等于复特征值的辐角，但神奇的是，如果我们选择 $\mathrm{Real}(\mathbf{u}_1) = \begin{bmatrix} 0.8165 & 0.2041 \end{bmatrix}^{\mathrm{T}}$ 和 $\mathrm{Imag}(\mathbf{u}_1) = \begin{bmatrix} 0 & -0.5401 \end{bmatrix}^{\mathrm{T}}$ 作为两个基向量，OA 与 OA' 以及 OB 与 OB' 在此基底下的赝角度 (关于角度、赝角度与坐标系的关系，请参考下面的补充阅读材料) 均为 0.7227 弧度！因此，此时复特征值的辐角仍然与上面的例子一致，有明确的物理意义或者几何意义，即旋转的 "角度"。只不过这里的 "角度" 并不是我们常用的向量间的夹角，而是以复特征向量的实部和虚部为基底所构

建的坐标平面上向量间的赝角度。此外，在本例中，由于矩阵 **A** 的特征值的模不为 1，因此除了旋转，该矩阵必然还同时包含缩放的动作。而整体的缩放度则可以用矩阵 **A** 的行列式 |**A**| 来衡量。在本例中，该矩阵整体的缩放度为 |**A**| = 2，且缩放也发生在旋转所在的平面上。

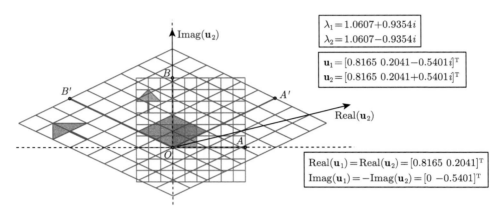

图 3.3   矩阵的特征值和特征向量的几何含义

当矩阵的特征值为复数且模不为 1 时，该矩阵所对应的线性变换必然同时包含旋转和缩放。其中旋转所在的平面为特征向量的实部和虚部张成的平面，旋转的角度由特征值的辐角决定。需要注意的是，这里的辐角指的是以特征向量的实部和虚部为基底的坐标系中的赝角度。缩放与旋转发生在同一平面，且整体缩放度为矩阵的行列式 |**A**|

事实上，以上情形二与情形一存在内在的联系。对于任意一个存在复特征值的二阶矩阵 **A**，假设其可以特征分解为 **A** = **UDU**$^{-1}$，其中，

$$\mathbf{D} = \left[\begin{array}{cc} \lambda_1 & 0 \\ 0 & \lambda_2 \end{array} \right] = \left[\begin{array}{cc} a+bi & 0 \\ 0 & a-bi \end{array} \right] = \left[\begin{array}{cc} re^{i\theta} & 0 \\ 0 & re^{-i\theta} \end{array} \right]$$

$$\mathbf{U} = \left[\begin{array}{cc} \mathbf{u}_1 & \mathbf{u}_2 \end{array} \right] = \left[\begin{array}{cc} \mathbf{w}+\mathbf{v}i & \mathbf{w}-\mathbf{v}i \end{array} \right]$$

a, b 为第一个特征值 λ_1 的实部和虚部，r, θ 为 λ_1 的模和辐角，$\mathbf{w}, \mathbf{v}$ 为第一个特征向量 $\mathbf{u}_1$ 的实部和虚部。记 $\mathbf{P} = \left[\begin{array}{cc} \mathbf{w} & \mathbf{v} \end{array} \right]$，则有

$$\mathbf{U} = \mathbf{P} \left[\begin{array}{cc} 1 & 1 \\ i & -i \end{array} \right]$$

以及

$$\mathbf{A} = \mathbf{U}\mathbf{D}\mathbf{U}^{-1} = \mathbf{P} \begin{bmatrix} 1 & 1 \\ i & -i \end{bmatrix} \mathbf{D} \begin{bmatrix} 1 & 1 \\ i & -i \end{bmatrix}^{-1} \mathbf{P}^{-1}$$

计算得

$$\begin{bmatrix} 1 & 1 \\ i & -i \end{bmatrix} \mathbf{D} \begin{bmatrix} 1 & 1 \\ i & -i \end{bmatrix}^{-1} = \begin{bmatrix} a & b \\ -b & a \end{bmatrix} = \begin{bmatrix} r & 0 \\ 0 & r \end{bmatrix} \begin{bmatrix} \cos(\theta) & \sin(\theta) \\ -\sin(\theta) & \cos(\theta) \end{bmatrix}$$

记

$$\mathbf{R} = \begin{bmatrix} a & b \\ -b & a \end{bmatrix}$$

显然，矩阵 $\mathbf{R}$ 包含了缩放和旋转两个动作，且矩阵

$$\begin{bmatrix} 1 & 1 \\ i & -i \end{bmatrix}$$

是 $\mathbf{R}$ 的特征向量矩阵。由于 $\mathbf{R}$ 的任意一个特征向量的实部和虚部都可以构成平面上的标准正交基，因此 $\mathbf{R}$ 属于第一种情形。

又由于

$$\mathbf{A} = \mathbf{U}\mathbf{D}\mathbf{U}^{-1} = \mathbf{P}\mathbf{R}\mathbf{P}^{-1}$$

即 $\mathbf{A}$ 与 $\mathbf{R}$ 相似。这意味着第二种情形的矩阵总可以通过坐标变换转化为第一种情形，且变换矩阵正好由矩阵 $\mathbf{A}$ 的特征向量的实部和虚部构成。事实上，也可以根据上述矩阵相似公式解释幅角度的物理内涵 (请读者思考)。

补充阅读 (向量的夹角、幅角度与坐标系的关系)

假设 $\mathbf{e}_1, \mathbf{e}_2, \cdots, \mathbf{e}_n$ 是 n 维线性空间 V 的一组基，对于 V 中的任意两个向量 $\mathbf{x} = \begin{bmatrix} x_1 & x_2 & \cdots & x_n \end{bmatrix}^{\mathrm{T}}$，$\mathbf{y} = \begin{bmatrix} y_1 & y_2 & \cdots & y_n \end{bmatrix}^{\mathrm{T}}$，可以定义它们的夹角为

$$\theta = \arccos \frac{\langle \mathbf{x}, \mathbf{y} \rangle}{\sqrt{\langle \mathbf{x}, \mathbf{x} \rangle} \sqrt{\langle \mathbf{y}, \mathbf{y} \rangle}} = \arccos \frac{\mathbf{x}^{\mathrm{T}} \mathbf{G} \mathbf{y}}{\sqrt{\mathbf{x}^{\mathrm{T}} \mathbf{G} \mathbf{x}} \sqrt{\mathbf{y}^{\mathrm{T}} \mathbf{G} \mathbf{y}}} \tag{3.2}$$

其中 $\mathbf{G}$ 称为线性空间在 $\mathbf{e}_1, \mathbf{e}_2, \cdots, \mathbf{e}_n$ 这组基下的度规矩阵。$\mathbf{x}, \mathbf{y}$ 在这组基下的**赝角度**定义为

$$\theta = \arccos \frac{\mathbf{x}^{\mathrm{T}} \mathbf{y}}{\|\mathbf{x}\| \, \|\mathbf{y}\|} \tag{3.3}$$

当 $\mathbf{e}_1, \mathbf{e}_2, \cdots, \mathbf{e}_n$ 为或者等效为线性空间的标准正交基时，相应的度规矩阵 $\mathbf{G}$ 为单位阵或单位阵的常数倍，此时赝角度和角度一致。

可以验证，两个向量的夹角与所选择的坐标系无关，而它们的赝角度却依赖于坐标系的选择。比如在图 3.4 中，A, B 两个点在直角坐标系中的坐标分别为 $(5, 3)$ 和 $(1, 4)$，经过简单地计算可知，这两个点所对应的向量在直角坐标系中的角度和赝角度均为 $45°$。如果选线段 $\overline{OA}$ 所在的直线为 x' 轴，线段 $\overline{OB}$ 所在的直线为 y' 轴，且选择 x' 轴方向单位向量的长度等于线段 $\overline{OA}$ 的长度，y' 轴方向单位向量的长度等于线段 $\overline{OB}$ 的长度，即 $\mathbf{e}_1 = (5, 3), \mathbf{e}_2 = (1, 4)$。此时，相应的度规矩阵为

$$\mathbf{G} = \begin{bmatrix} \langle \mathbf{e}_1, \mathbf{e}_1 \rangle & \langle \mathbf{e}_1, \mathbf{e}_2 \rangle \\ \langle \mathbf{e}_2, \mathbf{e}_1 \rangle & \langle \mathbf{e}_2, \mathbf{e}_2 \rangle \end{bmatrix} = \begin{bmatrix} 34 & 17 \\ 17 & 17 \end{bmatrix}$$

显然，A, B 两个点在 $Ox'y'$ 坐标系中的坐标分别为 $(1, 0)$ 和 $(0, 1)$。根据 (3.2)，可以得到 $\overline{OA}$ 与 $\overline{OB}$ 在此坐标系中的夹角仍然是 $45°$ (请读者尝试计算)。但根据 (3.3)，可以得到它们之间的赝角度为 $90°$。尽管赝角度不代表向量间真实的角度，但神奇的是，它对于上述情形二却是有物理意义的。当矩阵的复特征向量的实部和虚部存在不正交或长度不一致的情况时，直接利用 (3.2) 虽然可以得到向量间的真实角度，但它无法给出该变换复特征值的辐角的物理解释。而不考虑度规矩阵的影响，直接利用公式 (3.3) 得到的赝角度虽然不是向量之间的真实夹角，但它却奇迹般地和该变换复特征值的辐角相对应。

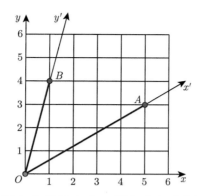

图 3.4 两个向量的夹角、赝角度与坐标系的关系

在 Oxy 直角坐标系中，A, B 两个点所对应向量的夹角与赝角度均为 $45°$；在 $Ox'y'$ 坐标系中，这两个点所对应的向量间的角度和赝角度分别为 $45°$ 和 $90°$

总结而言，对于一个一般的方阵，当其包含复特征值时，代表该矩阵所对应的线性变换包含旋转的动作。当相应的复特征向量属于上述的第一种情形时，由于标准正交系下角度与赝角度的一致性，此时复特征值的辐角就代表旋转的角度同时也是旋转的赝角度。当相应的特征向量属于上述第二种情况时，复特征值的辐角只代表旋转的赝角度。因此，无论哪种情况发生，对于一个包含复特征值的矩阵，其辐角均可以认为是旋转的"角度"，不过，这个"角度"严格来讲并不是通常意义下的角度，而是相应的复特征向量的实部和虚部所构建的平面上的赝角度。

3.1.3 矩阵的基本线性分解

在实际应用中，一个矩阵往往并不只对应一种单一的物理动作。比如下面的矩阵就同时包含了旋转和缩放两种单一的物理动作 (这里的旋转和缩放分别发生在不同的子空间)，

$$\mathbf{A} = \begin{bmatrix} 1/3 & 4/3 & 1/3 \\ 1/3 & 1/3 & 4/3 \\ 4/3 & 1/3 & 1/3 \end{bmatrix}$$

利用线性代数的特征分解理论，可以对矩阵 $\mathbf{A}$ 进行特征分解为 $\mathbf{A} = \mathbf{UDU}^{-1}$，其中，

$$\mathbf{D} = \begin{bmatrix} 2 & 0 & 0 \\ 0 & -1/2 + i\sqrt{3}/2 & 0 \\ 0 & 0 & -1/2 - i\sqrt{3}/2 \end{bmatrix}$$

$$\mathbf{U} = \begin{bmatrix} \sqrt{3}/3 & \sqrt{3}/3 & \sqrt{3}/3 \\ \sqrt{3}/3 & -\sqrt{3}/6 + i/2 & -\sqrt{3}/6 - i/2 \\ \sqrt{3}/3 & -\sqrt{3}/6 - i/2 & -\sqrt{3}/6 + i/2 \end{bmatrix}$$

分别为矩阵 $\mathbf{A}$ 的特征值矩阵和特征向量矩阵。由于该矩阵分别有一个实特征值和两个互为共轭的复特征值，因此这个矩阵所对应的线性变换包含了一个缩放变换和一个旋转变换。其中，缩放变换发生在 $\mathbf{u}_1 = \begin{bmatrix} \dfrac{\sqrt{3}}{3} & \dfrac{\sqrt{3}}{3} & \dfrac{\sqrt{3}}{3} \end{bmatrix}^{\mathrm{T}}$ 方向，缩放度为 $\lambda_1 = 2$；旋转发生在由 $\mathrm{Real}\,(\mathbf{u}_2)$ 和 $\mathrm{Imag}\,(\mathbf{u}_2)$ 两个向量张成的平面上，旋转角度为特征值的辐角 $\mathrm{angle}\,(\lambda_2) = \dfrac{2\pi}{3}$。这再一次印证了上面的结论，即线性变换所包含的基本动作的秘密都包含在矩阵的特征值与特征向量之中。

事实上，我们可以对矩阵 $\mathbf{A}$ 进行进一步分解

$$\mathbf{A} = \mathbf{U}\mathbf{D}\mathbf{U}^{-1} = \mathbf{U}\mathbf{D}_1'\mathbf{D}_2'\mathbf{D}_3'\mathbf{U}^{-1} = \mathbf{U}\mathbf{D}_1'\mathbf{U}^{-1}\mathbf{U}\mathbf{D}_2'\mathbf{U}^{-1}\mathbf{U}\mathbf{D}_3'\mathbf{U}^{-1} = \mathbf{A}_1'\mathbf{A}_2'\mathbf{A}_3'$$

其中 $\mathbf{D}_i'$ 由 $\mathbf{D}$ 将其第 i 个特征值之外的其他特征值都置 1 而得到，即

$$\mathbf{D}_1' = \begin{bmatrix} 2 & 0 & 0 \\ 0 & 1 & 0 \\ 0 & 0 & 1 \end{bmatrix}$$

$$\mathbf{D}_2' = \begin{bmatrix} 1 & 0 & 0 \\ 0 & -1/2 + i\sqrt{3}/2 & 0 \\ 0 & 0 & 1 \end{bmatrix}$$

$$\mathbf{D}_3' = \begin{bmatrix} 1 & 0 & 0 \\ 0 & 1 & 0 \\ 0 & 0 & -1/2 - i\sqrt{3}/2 \end{bmatrix}$$

相应地,

$$\mathbf{A}_1' = \mathbf{U}\mathbf{D}_1'\mathbf{U}^{-1} = \begin{bmatrix} 4/3 & 1/3 & 1/3 \\ 1/3 & 4/3 & 1/3 \\ 1/3 & 1/3 & 4/3 \end{bmatrix}$$

$$\mathbf{A}_2' = \mathbf{U}\mathbf{D}_2'\mathbf{U}^{-1} = \begin{bmatrix} 1/2 + i\sqrt{3}/6 & 1/2 + i\sqrt{3}/6 & -i\sqrt{3}/3 \\ -i\sqrt{3}/3 & 1/2 + i\sqrt{3}/6 & 1/2 + i\sqrt{3}/6 \\ 1/2 + i\sqrt{3}/6 & -i\sqrt{3}/3 & 1/2 + i\sqrt{3}/6 \end{bmatrix}$$

$$\mathbf{A}_3' = \mathbf{U}\mathbf{D}_3'\mathbf{U}^{-1} = \begin{bmatrix} 1/2 - i\sqrt{3}/6 & 1/2 - i\sqrt{3}/6 & i\sqrt{3}/3 \\ i\sqrt{3}/3 & 1/2 - i\sqrt{3}/6 & 1/2 - i\sqrt{3}/6 \\ 1/2 - i\sqrt{3}/6 & i\sqrt{3}/3 & 1/2 - i\sqrt{3}/6 \end{bmatrix}$$

显然,$\mathbf{A}_1'$ 为在 $\mathbf{u}_1 = \begin{bmatrix} \dfrac{\sqrt{3}}{3} & \dfrac{\sqrt{3}}{3} & \dfrac{\sqrt{3}}{3} \end{bmatrix}^{\mathrm{T}}$ 方向的缩放变换。而 $\mathbf{A}_2'$ 和 $\mathbf{A}_3'$ 为复矩阵,很难分析它们作用的物理机制。神奇的是,它们的乘积是一个实矩阵 (这一点读者可自行验证),即

$$\mathbf{A}_2'\mathbf{A}_3' = \begin{bmatrix} 0 & 1 & 0 \\ 0 & 0 & 1 \\ 1 & 0 & 0 \end{bmatrix}$$

该矩阵正好对应 $\mathrm{Real}(\mathbf{u}_2)$ 和 $\mathrm{Imag}(\mathbf{u}_2)$ 平面上的旋转变换,其中,

$$\mathrm{Real}(\mathbf{u}_2) = \begin{bmatrix} \dfrac{\sqrt{3}}{3} & -\dfrac{\sqrt{3}}{6} & -\dfrac{\sqrt{3}}{6} \end{bmatrix}^{\mathrm{T}}, \quad \mathrm{Imag}(\mathbf{u}_2) = \begin{bmatrix} 0 & \dfrac{1}{2} & -\dfrac{1}{2} \end{bmatrix}^{\mathrm{T}}$$

因此,接下来,凡是遇到复特征值情形,我们均把互为共轭的复特征值

当作一个整体看待。令

$$\mathbf{D}_1 = \mathbf{D}_1' = \begin{bmatrix} 2 & 0 & 0 \\ 0 & 1 & 0 \\ 0 & 0 & 1 \end{bmatrix}$$

$$\mathbf{D}_2 = \mathbf{D}_2'\mathbf{D}_3' = \begin{bmatrix} 1 & 0 & 0 \\ 0 & -1/2 + i\sqrt{3}/2 & 0 \\ 0 & 0 & -1/2 - i\sqrt{3}/2 \end{bmatrix}$$

则我们可以重新对矩阵 $\mathbf{A}$ 进行分解

$$\mathbf{A} = \mathbf{UDU}^{-1} = \mathbf{UD}_1\mathbf{D}_2\mathbf{U}^{-1} = \mathbf{UD}_1\mathbf{U}^{-1}\mathbf{UD}_2\mathbf{U}^{-1} = \mathbf{A}_1\mathbf{A}_2$$

其中,

$$\mathbf{A}_1 = \mathbf{A}_1' = \begin{bmatrix} 4/3 & 1/3 & 1/3 \\ 1/3 & 4/3 & 1/3 \\ 1/3 & 1/3 & 4/3 \end{bmatrix}, \quad \mathbf{A}_2 = \mathbf{A}_2'\mathbf{A}_3' = \begin{bmatrix} 0 & 1 & 0 \\ 0 & 0 & 1 \\ 1 & 0 & 0 \end{bmatrix}$$

分别对应单一的缩放变换和单一的旋转变换。这样,我们就可以把一个包含多种基本线性变换类型的矩阵分解为多个只包含一种基本线性变换类型的矩阵的乘积。由上面例子中 $\mathbf{D}_1$ 和 $\mathbf{D}_2$ 乘积的可交换性,可以得到 $\mathbf{A}_1\mathbf{A}_2 = \mathbf{A}_2\mathbf{A}_1$,即矩阵的这种分解与单一线性变换矩阵的乘积顺序无关。更一般地,我们可以给出可对角化矩阵的基本线性分解定理:

定理 3.1 对于一个可对角化的 $n \times n$ 矩阵 $\mathbf{A}$ (即存在可逆矩阵 $\mathbf{U}$,使得 $\mathbf{A} = \mathbf{UDU}^{-1}$)。假设其特征值分别包含实数和复数 (虚数)。不妨设其前 $2m$ 个特征值为复数 (虚数),后 $n-2m$ 个特征值为实数,即特征值矩阵可以表示为 $\mathbf{D} = \mathrm{diag}(\lambda_1, \bar{\lambda}_1, \lambda_2, \bar{\lambda}_2, \cdots, \lambda_m, \bar{\lambda}_m, \mu_{2m+1}, \cdots, \mu_n)$,则可以对 $\mathbf{A}$ 做如下分解 $\mathbf{A} = \prod_{i=1}^{n-m} \mathbf{A}_{\sigma(i)}$,其中 $\mathbf{A}_{\sigma(i)} = \mathbf{UD}_{\sigma(i)}\mathbf{U}^{-1}$,$\sigma$ 为一

个 $n - m$ 元置换 (关于置换, 可以参考 7.2 节置换群), 并且

$$\mathbf{D}_i = \begin{cases} \operatorname{diag}\left(1, \cdots, 1, \lambda_i, \bar{\lambda}_i, 1, \cdots, 1\right), & i \leqslant m \\ \operatorname{diag}\left(1, \cdots, 1, \mu_{i+m}, 1, \cdots, 1\right), & i > m \end{cases}$$

基于定理 3.1, 我们就可以把一个矩阵分解为几个具有单一基本物理动作的矩阵的乘积, 且与乘积次序无关。这样, 如果把矩阵当作一个黑匣子, 通过矩阵的特征分析以及定理 3.1, 我们就可以把矩阵所对应的线性变换完全解构了。下面我们再用定理 3.1 分析一下 5 阶循环移位矩阵。

例 3.1 试分析如下循环移位矩阵 $\mathbf{A}$ 所对应的线性变换

$$\mathbf{A} = \begin{bmatrix} 0 & 1 & 0 & 0 & 0 \\ 0 & 0 & 1 & 0 & 0 \\ 0 & 0 & 0 & 1 & 0 \\ 0 & 0 & 0 & 0 & 1 \\ 1 & 0 & 0 & 0 & 0 \end{bmatrix}$$

首先, 我们可以对矩阵 $\mathbf{A}$ 进行特征分解, $\mathbf{A} = \mathbf{U}\mathbf{D}\mathbf{U}^{-1}$, 其中 $\mathbf{D}$ 为特征值矩阵, $\mathbf{U}$ 为相应的特征向量矩阵,

$$\mathbf{D} = \operatorname{diag}\left(\lambda_1, \lambda_2, \lambda_3, \lambda_4, \lambda_5\right)$$

$$= \begin{bmatrix} 1 & 0 & 0 & 0 & 0 \\ 0 & \exp\left(-2\pi i/5\right) & 0 & 0 & 0 \\ 0 & 0 & \exp\left(-4\pi i/5\right) & 0 & 0 \\ 0 & 0 & 0 & \exp\left(4\pi i/5\right) & 0 \\ 0 & 0 & 0 & 0 & \exp\left(2\pi i/5\right) \end{bmatrix}$$

$$\mathbf{U} = \begin{bmatrix} \mathbf{u}_1 & \mathbf{u}_2 & \mathbf{u}_3 & \mathbf{u}_4 & \mathbf{u}_5 \end{bmatrix}$$

$$
=\begin{bmatrix}
1 & 1 & 1 & 1 & 1 \\
1 & \exp\left(-2\pi i/5\right) & \exp\left(-4\pi i/5\right) & \exp\left(4\pi i/5\right) & \exp\left(2\pi i/5\right) \\
1 & \exp\left(-4\pi i/5\right) & \exp\left(2\pi i/5\right) & \exp\left(-2\pi i/5\right) & \exp\left(4\pi i/5\right) \\
1 & \exp\left(4\pi i/5\right) & \exp\left(-2\pi i/5\right) & \exp\left(2\pi i/5\right) & \exp\left(-4\pi i/5\right) \\
1 & \exp\left(2\pi i/5\right) & \exp\left(4\pi i/5\right) & \exp\left(-4\pi i/5\right) & \exp\left(-2\pi i/5\right)
\end{bmatrix}
$$

需要注意的是，为了方便起见，这里的特征向量矩阵并不是酉矩阵，而是酉矩阵的常数倍 $\left(\dfrac{\sqrt{5}}{5}\right)$。此外，一个有趣的事实是：循环移位矩阵的特征向量矩阵 $\mathbf{U}$ 正好是离散傅里叶变换矩阵 (我们将在《矩阵之美 (算法篇)》对这一有趣的事实进行深入解读)。

由于矩阵 $\mathbf{A}$ 有两对互为共轭的复特征值 (λ_2, λ_5 互为共轭，λ_3, λ_4 互为共轭) 和一个实特征值 $\lambda_1 = 1$，因此，矩阵 $\mathbf{A}$ 所对应的线性变换包含两个旋转。一个旋转发生在 $\mathbf{u}_4$ 的实部向量

$$
\mathrm{Real}\left(\mathbf{u}_4\right) = \begin{bmatrix} 1 & \cos\left(4\pi/5\right) & \cos\left(-2\pi/5\right) & \cos\left(2\pi/5\right) & \cos\left(-4\pi/5\right) \end{bmatrix}^{\mathrm{T}}
$$

和虚部向量

$$
\mathrm{Imag}\left(\mathbf{u}_4\right) = \begin{bmatrix} 0 & \sin\left(4\pi/5\right) & \sin\left(-2\pi/5\right) & \sin\left(2\pi/5\right) & \sin\left(-4\pi/5\right) \end{bmatrix}^{\mathrm{T}}
$$

张成的平面上，旋转的角度为 λ_4 的辐角

$$
\mathrm{angle}\left(\lambda_4\right) = \mathrm{angle}\left(\exp\left(4\pi i/5\right)\right) = 4\pi/5
$$

另外一个旋转发生在 $\mathbf{u}_5$ 的实部向量

$$
\mathrm{Real}\left(\mathbf{u}_5\right) = \begin{bmatrix} 1 & \cos\left(2\pi/5\right) & \cos\left(4\pi/5\right) & \cos\left(-4\pi/5\right) & \cos\left(-2\pi/5\right) \end{bmatrix}^{\mathrm{T}}
$$

和虚部向量

$$
\mathrm{Imag}\left(\mathbf{u}_5\right) = \begin{bmatrix} 0 & \sin\left(2\pi/5\right) & \sin\left(4\pi/5\right) & \sin\left(-4\pi/5\right) & \sin\left(-2\pi/5\right) \end{bmatrix}^{\mathrm{T}}
$$

张成的平面上，旋转的角度为 λ_5 的辐角

$$\mathrm{angle}\,(\lambda_5) = \mathrm{angle}\,(\exp\,(2\pi i/5)) = 2\pi/5$$

令

$$\mathbf{D}_1 = \begin{bmatrix} 1 & 0 & 0 & 0 & 0 \\ 0 & \exp\,(-2\pi i/5) & 0 & 0 & 0 \\ 0 & 0 & 1 & 0 & 0 \\ 0 & 0 & 0 & 1 & 0 \\ 0 & 0 & 0 & 0 & \exp\,(2\pi i/5) \end{bmatrix}$$

$$\mathbf{D}_2 = \begin{bmatrix} 1 & 0 & 0 & 0 & 0 \\ 0 & 1 & 0 & 0 & 0 \\ 0 & 0 & \exp\,(-4\pi i/5) & 0 & 0 \\ 0 & 0 & 0 & \exp\,(4\pi i/5) & 0 \\ 0 & 0 & 0 & 0 & 1 \end{bmatrix}$$

则上面的两个旋转矩阵分别为

$$\mathbf{A}_1 = \mathbf{U}\mathbf{D}_1\mathbf{U}^{-1} = \begin{bmatrix} 0.7236 & 0.2764 & 0.4472 & 0 & -0.4472 \\ -0.4472 & 0.7236 & 0.2764 & 0.4472 & 0 \\ 0 & -0.4472 & 0.7236 & 0.2764 & 0.4472 \\ 0.4472 & 0 & -0.4472 & 0.7236 & 0.2764 \\ 0.2764 & 0.4472 & 0 & -0.4472 & 0.7236 \end{bmatrix}$$

$$\mathbf{A}_2 = \mathbf{U}\mathbf{D}_2\mathbf{U}^{-1} = \begin{bmatrix} 0.2764 & 0.7236 & -0.4472 & 0 & 0.4472 \\ 0.4472 & 0.2764 & 0.7236 & -0.4472 & 0 \\ 0 & 0.4472 & 0.2764 & 0.7236 & -0.4472 \\ -0.4472 & 0 & 0.4472 & 0.2764 & 0.7236 \\ 0.7236 & -0.4472 & 0 & 0.4472 & 0.2764 \end{bmatrix}$$

根据定理 3.1，我们可以对矩阵 $\mathbf{A}$ 进行进一步的分解，即

$$\mathbf{A} = \mathbf{A}_1\mathbf{A}_2 = \mathbf{A}_2\mathbf{A}_1$$

3.2   特征多项式

上一节从矩阵特征值的角度分析了线性变换所包含的基本动作，其中负数代表反射，实数代表缩放，复数代表旋转。那么矩阵的特征值除了复数外，还有其他类型吗？本节将从数的发展的角度对这个问题进行阐述。

我们知道，矩阵的特征值必然满足如下方程

$$(\mathbf{A} - \lambda \mathbf{I}) \, \mathbf{u} = \mathbf{0}$$

为了让上式有非零解，必然有 $\mathbf{A} - \lambda \mathbf{I}$ 不可逆，即

$$\det (\mathbf{A} - \lambda \mathbf{I}) = 0$$

定义 3.2   令 $\mathbf{A}$ 是一个 $n \times n$ 矩阵，则 n 阶多项式

$$p(\lambda) = \det(\mathbf{A} - \lambda \mathbf{I}) = \begin{vmatrix} a_{11} - \lambda & a_{12} & \cdots & a_{1n} \\ a_{21} & a_{22} - \lambda & \cdots & a_{2n} \\ \vdots & \vdots & \ddots & \vdots \\ a_{n1} & a_{n2} & \cdots & a_{nn} - \lambda \end{vmatrix}$$

$$= \alpha_0 + \alpha_1 \lambda + \cdots + \alpha_n \lambda^n$$

称为矩阵 $\mathbf{A}$ 的**特征多项式**。方程

$$p(\lambda) = 0$$

称为矩阵 $\mathbf{A}$ 的特征方程。显然，矩阵的特征值就是其特征方程的根。而方程的根的求解理论与数的发展史相辅相成，交相辉映。

关于数，克罗内克 (Kronecker) 有一个著名的论断：上帝创造了自然数，其他一切都是人造物。虽然这句话本身值得商榷，但是我们却可以从数的发展的角度来理解这句话，即，所有其他的数都是自然数在不同意义下的完备化。

首先，整数可以认为是自然数的加法完备化，即整数是包含自然数的最小加法群。通俗地说，就是对于任意的自然数 n，方程

$$x + n = 0$$

都有解。这样就自然地引入了负数的概念。正整数、负整数和 0 构成了包含自然数的最小加法群。从物理的角度来看，负数与自然界的反射变换相对应。

其次，有理数是整数的乘法完备化，即有理数域是包含整数的最小数域。通俗地说，对于任意的非零整数 m, n，方程

$$mx = n$$

都有解。这样就自然地引入了有理数的概念。有理数的概念建立以来，古希腊人一度将其视为连续衔接的"算术连续统"，通俗地说，就是指有理数的分布是连续的，因而可以和任意长度的直线建立一一对应关系。然而，毕达哥拉斯学派的弟子希伯斯 (Hippasus) 发现了一个惊人的事实，一个边长为 1 的正方形，其对角线的长度不对应任何有理数 (图 3.5)。这就引出了无理数的概念，而有理数和无理数的总和构成了实数。

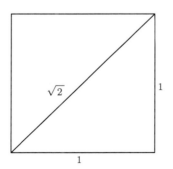

图 3.5 边长为 1 的正方形，对角线长度 $\sqrt{2}$ 为无理数

数学上，实数可以认为是有理数的度量完备化，即实数域是包含有理数域的最小完备度量空间。通俗地说，为了让方程

$$x^2 = 2$$

有解，就必须引入无理数的概念。无理数的引入使得实数域得以完备地建立起来。至此，实数才是一个真正的连续衔接的"算术连续统"，因而，它才可以衡量任意长度，继而可以表征自然界中任意大小的缩放。

最后，也是最为重要的，复数是实数的代数完备化，即复数域是包含实数的最小代数闭域。通俗地说，为了使得方程

$$x^2 = -1$$

有解，必须引入复数的概念。物理上，复数正好对应着自然界中的旋转。需要说明的是，复数的引入源于三次方程的根式求解，其中丰坦纳 (Fontana)、卡尔达诺 (Cardano) 和邦贝利 (Bombelli) 三位数学家在早期起了关键的作用。复数的出现在数学界曾经引起了巨大的争议，但随着棣莫弗 (De Moivre) 公式、欧拉 (Euler) 公式以及代数学基本定理的提出，复数作为数的地位得以逐渐确立。

对于一个 $n \times n$ 实矩阵 $\mathbf{A}$，它的特征方程是一个一元 n 次多项式方程。关于该方程的根的取值，有如下代数学基本定理作为理论基础：

定理 3.2 (代数学基本定理) 任何复系数一元 n 次多项式方程在复数域上至少有一个根 ($n \geqslant 1$)。

推论 3.1 n 次复系数多项式方程在复数域内有且只有 n 个根 (重根按重数计算)。

根据代数学基本定理及其推论，我们可以得到结论：对于 $n \times n$ 实矩阵 $\mathbf{A}$，在复数域内它必然有且只有 n 个特征值。而且，特征值的取值要么为实数，要么为复数。当特征值为实数时，对应的特征向量只有一个，这说明反射或者缩放变换在一个维度上即可进行；当特征值为复数时，特征值和特征向量会以共轭的形式成对出现，这说明旋转这个动作在一个维度上无法进行，而需要提供一个平面作为支撑。

讲到这里，有心的读者不免要问，还有比复数域更大或者更一般的数域吗？答案是没有了！在这一问题上，魏尔斯特拉斯 (Weierstrass) 和弗罗贝尼乌斯 (Frobenius) 都分别给出了严格的证明。尽管后人又发展了很多"数"，比如哈密顿 (Hamilton) 的四元数，约翰·格雷福斯 (John

Graves) 和凯莱 (Cayley) 的八元数等。但由于它们不满足乘法的交换律或者结合律等条件，因此都不能构成数域。

我们再回顾一下上面讲的数与基本物理动作的对应。负数对应着反射，实数对应着缩放，复数对应着旋转。那么，问题就来了！如果没有比复数更大的数域，这是否意味着没有比旋转更基本的物理动作了？也就是说，旋转这个动作极有可能就是我们所生存的宇宙的主旋律！

3.3　小　　结

至此，本章的内容总结为以下 4 条：

(1) 矩阵的特征值代表发生了什么动作，而特征向量则表示这个动作发生在什么地方。

(2) 当矩阵的特征值中包含了实数，则代表该线性变换包含缩放动作；如果为负实数则代表该线性变换不仅包含缩放，还包含反射。当矩阵的特征值中包含了复数，则代表该线性变换包含了旋转动作，特征值的辐角正好对应旋转的角度；而特征向量的实部和虚部所构成的坐标平面正好是旋转动作所在的平面。此外，特征值和特征向量共同决定了旋转的方向。

(3) 任意一个可对角化矩阵都可以进行基本线性分解，即可以将其所对应的线性变换分解为更基本的单一物理动作的复合。

(4) 从数的发展和代数学基本定理可以推断，矩阵的特征值必然在复数域内。这意味着，旋转极有可能是我们这个宇宙最基本的动作。

第 4 章　矩阵对角化与若尔当标准形

第 3 章讲述了数与基本物理动作的对应。数从自然数发展到复数，整个数字系统已经可以完备地表达自然界中的反射以及任意大小的缩放和任意角度的旋转。那么，除了反射、缩放和旋转这些基本的线性变换外，自然界中还存在着其他类型的线性变换吗？如果存在，那么一共有多少种线性变换？矩阵的对角化理论和若尔当 (Jordan) 标准形理论将为这一问题的答案提供根本性的理论支撑。

4.1　矩阵对角化

根据定理 3.1，我们知道，当一个矩阵可以对角化时，可以将其分解为几个具有单一基本物理动作的矩阵的乘积。接下来我们给出矩阵可对角化的定义和相关结论。

定义 4.1　若一个 $n \times n$ 矩阵 $\mathbf{A}$ 与一个对角矩阵相似，即存在可逆矩阵 $\mathbf{P}$，使得 $\mathbf{A} = \mathbf{P}\mathbf{D}\mathbf{P}^{-1}$，其中 $\mathbf{D}$ 为对角矩阵，则称矩阵 $\mathbf{A}$ **可对角化**。

下面给出矩阵对角化的几个重要结论：

定理 4.1　$n \times n$ 矩阵 $\mathbf{A}$ 可对角化的充要条件是 $\mathbf{A}$ 有 n 个线性无关的特征向量。

定理 4.2　方阵 $\mathbf{A}$ 属于不同特征值的特征向量线性无关。

注　定理 4.2 告诉我们，若一个矩阵所对应的线性变换包含多个不同的缩放动作，则那些不同的缩放动作必然发生在不同的地方。事实上，对于旋转动作也有类似的结论 (请读者思考)。

定理 4.3　实对称矩阵必可对角化，且特征值均为实数。

注　定理 4.3 告诉我们，实对称矩阵所对应的线性变换只可能包含反射或者缩放。进一步地，由于正定矩阵的特征值均为正数，因此正定实对称矩阵所对应的线性变换只包含各个特征方向的缩放。

推论 4.1 若 n 阶方阵 $\mathbf{A}$ 有 n 个不同的特征值，则 $\mathbf{A}$ 可对角化。

由于第 3 章的定理 3.1 已经完成了对所有可对角化矩阵的解构，因此，如果所有矩阵都可对角化的话，这说明自然界除了反射、缩放和旋转之外，不存在其他类型的线性变换。然而，遗憾的是，并不是所有的矩阵都可以对角化。那么，读者不免要问，对于一个不可对角化的矩阵，我们最多可以将其化简到什么程度？其所对应的基本物理过程又是什么？为了回答这些问题，我们下面将要给出矩阵的若尔当标准形理论。

4.2 若尔当标准形

定义 4.2 具有如下形式的矩阵叫**若尔当矩阵**，

$$
\mathbf{J} = \begin{bmatrix} \mathbf{B}_1 & 0 & \cdots & 0 \\ 0 & \ddots & \ddots & \vdots \\ \vdots & \ddots & \ddots & 0 \\ 0 & \cdots & 0 & \mathbf{B}_s \end{bmatrix}
$$

其中，

$$
\mathbf{B}_i = \begin{bmatrix} \lambda_i & 1 & 0 & \cdots & 0 \\ 0 & \lambda_i & \ddots & \ddots & \vdots \\ \vdots & \ddots & \ddots & \ddots & 0 \\ \vdots & \ddots & \ddots & \ddots & 1 \\ 0 & \cdots & \cdots & 0 & \lambda_i \end{bmatrix}
$$

为**若尔当块**。

定理 4.4 对于任意一个 $n \times n$ 实矩阵 $\mathbf{A}$，总存在一个若尔当矩阵 $\mathbf{J}$ 与其相似。即，总存在一个可逆矩阵 $\mathbf{P}$，使得 $\mathbf{A} = \mathbf{PJP}^{-1}$。并且，若尔当矩阵 $\mathbf{J}$ 除去其中若尔当块的排列次序外是被矩阵 $\mathbf{A}$ 唯一决定的。

可以用线性变换的语言，重新叙述一下定理 4.4：设 T 是实数域上 n 维线性空间 V 上的线性变换，在 V 中必然存在一组基，使 T 在这组基下的矩阵是若尔当标准形，并且这个若尔当矩阵除去其中若尔当块的排列次序外是被 T 唯一决定的。

这是一个深刻而惊人的定理。我们在第 1 章的例 1.4 已经讲到，若尔当块对应剪切变换。因此当一个矩阵不能被对角化时，根据定理 4.4，它必然可以简化为若尔当标准形，这说明该矩阵对应的线性变换必然包含剪切变换。更进一步地，这个定理也直接告诉我们，自然界中的线性变换，除了缩放、反射、旋转和剪切，再也没有别的了！

至此，我们可以用线性变换的语言，给出矩阵可对角化的充要条件：

定理 4.5　$n \times n$ 实矩阵 $\mathbf{A}$ 可对角化的充要条件是该矩阵所对应的线性变换不包含剪切变换。

尽管定理 4.5 从线性变换角度给出了一个矩阵是否可以对角化的充要条件，但给定一个矩阵，我们很难直观判断出该矩阵所对应的线性变换是否包含剪切变换，因此也很难直观判断出该矩阵是否可以对角化。一般而言，对于一个 $n \times n$ 实矩阵 $\mathbf{A}$，可以用下述步骤来判断其是否可以对角化：

(1) 首先看矩阵 $\mathbf{A}$ 是否是实对称矩阵，如果是实对称矩阵立刻判断可以对角化 (定理 4.3)，否则进入下一步。

(2) 求方程的 n 个特征值，看是否有重根。如果没有重根，则该矩阵可对角化 (推论 4.1)，否则进入下一步。

(3) 验证矩阵的 k 重特征根 $\lambda_1 = \lambda_2 = \cdots = \lambda_k$ 是否具有 k 个线性无关的特征向量，若有，则矩阵 $\mathbf{A}$ 可对角化，否则，矩阵不能对角化。

需要说明的是，我们只讨论实矩阵的若尔当标准形。对于一个不可对角化的实矩阵 $\mathbf{A}$，其若尔当矩阵 $\mathbf{J}$ 中的若尔当块如果为一个二阶及二阶以上的矩阵，则该若尔当块必然为实矩阵。如果 $\mathbf{J}$ 的若尔当块为一个数，则该数可以为实数也可以为复数，并且必然是矩阵 $\mathbf{A}$ 的特征值。对角矩阵可以看作若尔当矩阵的特殊情形。

如果矩阵 $\mathbf{A}$ 包含复特征值，显然该特征值的共轭也是 $\mathbf{A}$ 的特征值。

接下来，为了方便起见，我们把互为共轭的特征值都包含在矩阵 **A** 的若尔当矩阵的一个若尔当块中。比如，对于若尔当矩阵

$$\mathbf{J} = \begin{bmatrix} 1+i & 0 & 0 & 0 & 0 \\ 0 & 1-i & 0 & 0 & 0 \\ 0 & 0 & 2 & 1 & 0 \\ 0 & 0 & 0 & 2 & 0 \\ 0 & 0 & 0 & 0 & 1 \end{bmatrix}$$

则其若尔当块分别为

$$\mathbf{B}_1 = \begin{bmatrix} 1+i & 0 \\ 0 & 1-i \end{bmatrix}, \quad \mathbf{B}_2 = \begin{bmatrix} 2 & 1 \\ 0 & 2 \end{bmatrix}, \quad \mathbf{B}_3 = [1]$$

这样，我们可以得到一般 $n \times n$ 实矩阵的基本线性分解定理：

定理 4.6 对于任意一个 $n \times n$ 实矩阵 **A**，假设其与若尔当矩阵 **J** 相似，即存在可逆矩阵 **P**，使得 $\mathbf{A} = \mathbf{PJP}^{-1}$。不妨设 $\mathbf{J} = \mathrm{diag}\,(\mathbf{B}_1, \cdots, \mathbf{B}_s)$，则可以对 **A** 做如下分解 $\mathbf{A} = \prod\limits_{i=1}^{s} \mathbf{A}_{\sigma(i)}$，其中 $\mathbf{A}_{\sigma(i)} = \mathbf{PJ}_{\sigma(i)}\mathbf{P}^{-1}$，$\sigma$ 为任意一个 s 元置换，并且 $\mathbf{J}_i = \mathrm{diag}\,(\mathbf{I}_1, \cdots, \mathbf{I}_{i-1}, \mathbf{B}_i, \mathbf{I}_{i+1}, \cdots, \mathbf{I}_s)$，其中 $\mathbf{I}_i\,(i = 1, 2, \cdots, s)$ 为与 $\mathbf{B}_i$ 同样大小的单位矩阵。

下面用两个例子加深一下对上述定理的理解。

例 4.1 试分析如下矩阵所对应的线性变换

$$\mathbf{A} = \begin{bmatrix} 1 & -3 & -2 \\ -1 & 1 & -1 \\ 2 & 4 & 5 \end{bmatrix}$$

首先可以求得矩阵 **A** 的特征值有个二重根，即 $\lambda_1 = \lambda_2 = 2$，属于这两个特征值的特征向量相同，均为 $[\ -0.4082 \quad -0.4082 \quad 0.8165\ ]^{\mathrm{T}}$，因此根据前面讲的判断矩阵是否可对角化的三个步骤，可知该矩阵不能

对角化。对矩阵 $\mathbf{A}$ 进行若尔当分解有 $\mathbf{A} = \mathbf{PJP}^{-1}$，其中，

$$\mathbf{P} = \begin{bmatrix} \mathbf{p}_1 & \mathbf{p}_2 & \mathbf{p}_3 \end{bmatrix} = \begin{bmatrix} -1 & 1 & -1 \\ -1 & 0 & 0 \\ 2 & 0 & 1 \end{bmatrix}, \quad \mathbf{J} = \begin{bmatrix} 2 & 1 & 0 \\ 0 & 2 & 0 \\ 0 & 0 & 3 \end{bmatrix}$$

可以发现 $\mathbf{A}$ 的若尔当矩阵 $\mathbf{J}$ 中包含两个若尔当块，分别为

$$\mathbf{B}_1 = \begin{bmatrix} 2 & 1 \\ 0 & 2 \end{bmatrix}, \quad \mathbf{B}_2 = [3]$$

这说明矩阵 $\mathbf{A}$ 所对应的线性变换包含了一个剪切变换，它发生在 $\mathbf{p}_1$ 和 $\mathbf{p}_2$ 张成的平面上。此外，$\mathbf{A}$ 还包含了一个在 $\mathbf{p}_3$ 方向的缩放变换。根据定理 4.6，我们有

$$\mathbf{J}_1 = \begin{bmatrix} 2 & 1 & 0 \\ 0 & 2 & 0 \\ 0 & 0 & 1 \end{bmatrix}, \quad \mathbf{J}_2 = \begin{bmatrix} 1 & 0 & 0 \\ 0 & 1 & 0 \\ 0 & 0 & 3 \end{bmatrix}$$

相应地，

$$\mathbf{A}_1 = \mathbf{PJ}_1\mathbf{P}^{-1} = \begin{bmatrix} 1 & 1 & 0 \\ -1 & 1 & -1 \\ 2 & 0 & 3 \end{bmatrix}, \quad \mathbf{A}_2 = \mathbf{PJ}_2\mathbf{P}^{-1} = \begin{bmatrix} 1 & -4 & -2 \\ 0 & 1 & 0 \\ 0 & 4 & 3 \end{bmatrix}$$

分别为 $\mathbf{p}_1$ 和 $\mathbf{p}_2$ 所在平面上的剪切变换和 $\mathbf{p}_3$ 方向上的缩放变换。矩阵 $\mathbf{A}$ 可以分解为 $\mathbf{A}_1$ 和 $\mathbf{A}_2$ 的乘积，并且与顺序无关，即

$$\mathbf{A} = \mathbf{A}_1\mathbf{A}_2 = \mathbf{A}_2\mathbf{A}_1$$

因此，矩阵 $\mathbf{A}$ 所对应的线性变换可以认为是两个基本的线性变换 (剪切和缩放) 的复合。

例 4.2 试分析如下矩阵所对应的线性变换

$$\mathbf{A} = \begin{bmatrix} 0.6 & 1.4 & 3.8 & 4.2 & 2.6 \\ 0.2 & 1.8 & 0.6 & 0.4 & 0.2 \\ 0.6 & -0.6 & 0.8 & 0.2 & 0.6 \\ -0.4 & 0.4 & 0.8 & 0.2 & -0.4 \\ 0.6 & -0.6 & -1.2 & -0.8 & -1.4 \end{bmatrix}$$

首先根据前面讲的判断一个矩阵是否可对角化的三个步骤可以知道矩阵 $\mathbf{A}$ 不能对角化。因此对矩阵 $\mathbf{A}$ 进行若尔当分解有 $\mathbf{A} = \mathbf{PJP}^{-1}$，其中，

$$\mathbf{P} = \begin{bmatrix} \mathbf{p}_1 & \mathbf{p}_2 & \mathbf{p}_3 & \mathbf{p}_4 & \mathbf{p}_5 \end{bmatrix} = \begin{bmatrix} 1 & 1 & 1+i & 1-i & 1 \\ 1 & -1 & 0 & 0 & 0 \\ 0 & 1 & -1 & -1 & 0 \\ 0 & 0 & 1-i & 1+i & 0 \\ 0 & 0 & i & -i & -1 \end{bmatrix}$$

$$\mathbf{J} = \begin{bmatrix} 2 & 1 & 0 & 0 & 0 \\ 0 & 2 & 0 & 0 & 0 \\ 0 & 0 & -i & 0 & 0 \\ 0 & 0 & 0 & i & 0 \\ 0 & 0 & 0 & 0 & -2 \end{bmatrix}$$

可以发现 $\mathbf{A}$ 的若尔当矩阵包含三个若尔当块，分别为

$$\mathbf{B}_1 = \begin{bmatrix} 2 & 1 \\ 0 & 2 \end{bmatrix}, \quad \mathbf{B}_2 = \begin{bmatrix} -i & 0 \\ 0 & i \end{bmatrix}, \quad \mathbf{B}_3 = [-2]$$

这说明矩阵 $\mathbf{A}$ 所对应的线性变换包含了一个在 $\mathbf{p}_1$ 和 $\mathbf{p}_2$ 张成的平面上的剪切变换。由于 $e^{-\pi i/2} = -i$ 为矩阵的一个特征值，因此，矩阵 $\mathbf{A}$ 还

包含了一个 $90°$ 的旋转变换，并且这个变换发生在其特征向量 $\mathbf{p}_3$ 的实部和虚部两个向量张成的平面 $(\mathrm{Span}(\mathrm{Real}(\mathbf{p}_3), \mathrm{Imag}(\mathbf{p}_3)))$ 上。在 $\mathbf{p}_5$ 方向，矩阵 $\mathbf{A}$ 包含了一个缩放度为 2 的缩放变换。此外，$\mathbf{B}_3 = [-2]$ 含有一个负号，这说明在 $\mathbf{p}_5$ 方向矩阵还有一个反射变换。根据定理 4.6，我们有

$$
\mathbf{J}_1 = \begin{bmatrix} 2 & 1 & 0 & 0 & 0 \\ 0 & 2 & 0 & 0 & 0 \\ 0 & 0 & 1 & 0 & 0 \\ 0 & 0 & 0 & 1 & 0 \\ 0 & 0 & 0 & 0 & 1 \end{bmatrix}, \quad
\mathbf{J}_2 = \begin{bmatrix} 1 & 0 & 0 & 0 & 0 \\ 0 & 1 & 0 & 0 & 0 \\ 0 & 0 & -i & 0 & 0 \\ 0 & 0 & 0 & i & 0 \\ 0 & 0 & 0 & 0 & 1 \end{bmatrix}
$$

$$
\mathbf{J}_3 = \begin{bmatrix} 1 & 0 & 0 & 0 & 0 \\ 0 & 1 & 0 & 0 & 0 \\ 0 & 0 & 1 & 0 & 0 \\ 0 & 0 & 0 & 1 & 0 \\ 0 & 0 & 0 & 0 & -2 \end{bmatrix}
$$

相应地，

$$
\mathbf{A}_1 = \mathbf{P}\mathbf{J}_1\mathbf{P}^{-1} = \begin{bmatrix} 1.6 & 0.4 & 1.8 & 1.2 & 0.6 \\ 0.2 & 1.8 & 0.6 & 0.4 & 0.2 \\ 0.2 & -0.2 & 1.6 & 0.4 & 0.2 \\ 0 & 0 & 0 & 1 & 0 \\ 0 & 0 & 0 & 0 & 1 \end{bmatrix}
$$

$$
\mathbf{A}_2 = \mathbf{P}\mathbf{J}_2\mathbf{P}^{-1} = \begin{bmatrix} 0.6 & 0.4 & 0.8 & 1.2 & -0.4 \\ 0 & 1 & 0 & 0 & 0 \\ 0.4 & -0.4 & 0.2 & -0.2 & 0.4 \\ -0.4 & 0.4 & 0.8 & 0.2 & -0.4 \\ 0 & 0 & 0 & 1 & 1 \end{bmatrix}
$$

$$\mathbf{A}_3 = \mathbf{P}\mathbf{J}_3\mathbf{P}^{-1} = \begin{bmatrix} 0.4 & 0.6 & 1.2 & 1.8 & 2.4 \\ 0 & 1 & 0 & 0 & 0 \\ 0 & 0 & 1 & 0 & 0 \\ 0 & 0 & 0 & 1 & 0 \\ 0.6 & -0.6 & -1.2 & -1.8 & -1.4 \end{bmatrix}$$

其中，$\mathbf{A}_1$ 对应 $\mathbf{p}_1$ 和 $\mathbf{p}_2$ 所在平面上剪切变换，$\mathbf{A}_2$ 对应 Real$(\mathbf{p}_3)$ 和 Imag$(\mathbf{p}_3)$ 这两个向量所张成的平面上的旋转变换，$\mathbf{A}_3$ 对应 $\mathbf{p}_5$ 方向上的反射和缩放变换。根据定理 4.6，矩阵 $\mathbf{A}$ 可以分解为 $\mathbf{A}_1$，$\mathbf{A}_2$ 和 $\mathbf{A}_3$ 的乘积，并且与顺序无关，即

$$\mathbf{A} = \mathbf{A}_1\mathbf{A}_2\mathbf{A}_3 = \mathbf{A}_1\mathbf{A}_3\mathbf{A}_2 = \mathbf{A}_2\mathbf{A}_1\mathbf{A}_3 = \mathbf{A}_2\mathbf{A}_3\mathbf{A}_1 = \mathbf{A}_3\mathbf{A}_1\mathbf{A}_2 = \mathbf{A}_3\mathbf{A}_2\mathbf{A}_1$$

因此，矩阵 $\mathbf{A}$ 所对应的线性变换可以认为是三个基本的线性变换 (剪切、旋转、缩放) 的复合。由于 $\mathbf{A}_3$ 同时还包含了反射，因此也可以认为 $\mathbf{A}$ 为四个基本线性变换的复合。

对于任意的实方阵，我们均可利用定理 4.6 对其进行基本的线性变换分解。至此，我们完成了对任意实矩阵或者任意线性变换的解构。

4.3　小　　结

至此，本章的内容总结为以下 3 条：

(1) 数学上，矩阵的对角化与若尔当标准形理论解决了一个矩阵至多可以化简到什么程度的问题。

(2) 物理上，矩阵的对角化与若尔当标准形理论指出了，自然界中的线性变换无一例外地只可能是反射、缩放、旋转或者剪切中的一种，或者是它们的组合。

(3) 自然界中到底存在多少种线性变换，这似乎是一个物理问题。从物理的角度，我们很难对这个问题给出明确的答案。但是从数学角度，

矩阵的对角化与若尔当标准形理论非常明确、非常彻底地对这一问题给出了定论。这不仅体现了数学的威力，甚至也在一定程度上影响了我们对于自然界的认识。

第 5 章 矩 阵 的 幂

对于一个数，我们可以对其进行任意次幂的运算。那么对于矩阵，是否也像数一样，可以对其进行任意次幂的操作呢？尤其是，一个至关重要的问题：一个实矩阵的任意次幂在实域范围内是否存在？即一个实矩阵开任意次方之后是否仍然为实矩阵？本章将从线性变换的角度，对这一问题展开全新的探讨。

5.1　可对角矩阵的幂

对于一个可对角化的矩阵，可以对其进行特征分解 $\mathbf{A} = \mathbf{U}\mathbf{D}\mathbf{U}^{-1}$，其中，

$$\mathbf{D} = \begin{bmatrix} \lambda_1 & & \\ & \ddots & \\ & & \lambda_m \end{bmatrix}$$

为矩阵 $\mathbf{A}$ 的特征值矩阵，$\mathbf{U}$ 为相应的特征向量矩阵。那么，对于任意一个正整数 n，矩阵 $\mathbf{A}$ 的 n 次方可以按如下公式计算

$$\mathbf{A}^n = \mathbf{U}\mathbf{D}^n\mathbf{U}^{-1} \tag{5.1}$$

其中，

$$\mathbf{D}^n = \begin{bmatrix} \lambda_1^n & & \\ & \ddots & \\ & & \lambda_m^n \end{bmatrix}$$

同样地，我们也可以将公式 (5.1) 拓展至矩阵 $\mathbf{A}$ 的 n 次方根情形，即

$$\mathbf{A}^{1/n} = \mathbf{U}\mathbf{D}^{1/n}\mathbf{U}^{-1} \tag{5.2}$$

其中，

$$\mathbf{D}^{1/n} = \begin{bmatrix} \lambda_1^{1/n} & & \\ & \ddots & \\ & & \lambda_m^{1/n} \end{bmatrix}$$

由于复数域上任意一个数的 n 次方根都有 n 个值，因此关于 $\mathbf{D}^{1/n}$ 中的对角元素 $\lambda_j^{1/n}$ 的取值有必要做如下说明：

(1) 当 λ_j 为正实数时，$\lambda_j^{1/n}$ 一般仍取正实数，即 $\lambda_j^{1/n}$ 为 λ_j 的算术 n 次方根。

(2) 当 λ_j 为复数时，可以将其表示为 $\lambda_j = r_j e^{\theta_j i}$，其中 $r_j = |\lambda_j|$ 为 λ_j 的模，θ_j 为 λ_j 的辐角，在矩阵的 n 次方根运算中一般取 θ_j 为 λ_j 的辐角主值，即 $\theta_j \in (-\pi, \pi]$，则 $\lambda_j^{1/n} = r_j^{1/n} e^{\theta_j i/n}$，其中 $r_j^{1/n}$ 为 r_j 的算术 n 次方根。

(3) 特别需要注意的是，矩阵的复特征值以共轭的形式成对出现。即，如果 $\lambda_j = r_j e^{\theta_j i}$ 是矩阵 $\mathbf{A}$ 的一个复特征值，则它的共轭 $\overline{\lambda}_j = r_j e^{-\theta_j i}$ 必然也是 $\mathbf{A}$ 的特征值。相应地，$\lambda_j^{1/n} = r_j^{1/n} e^{\theta_j i/n}$ 为 $\mathbf{A}^{1/n}$ 的特征值，则它的共轭 $\overline{\lambda}_j^{1/n} = r_j^{1/n} e^{-\theta_j i/n}$ 也必然是 $\mathbf{A}^{1/n}$ 的特征值。

(4) 当矩阵 $\mathbf{A}$ 的特征值 λ_j 为负数时，λ_j 的偶数次方根在实数域内不存在。相应地，在实数域内，含有负特征值的矩阵的偶数次方根一般也不存在。

事实上，可以把 (5.1) 和 (5.2) 拓展到任意实数情形。对于任意的正实数 α，矩阵 $\mathbf{A}$ 的 α 次方可以表示为

$$\mathbf{A}^\alpha = \mathbf{U}\mathbf{D}^\alpha\mathbf{U}^{-1} \tag{5.3}$$

其中，

$$\mathbf{D}^\alpha = \begin{bmatrix} \lambda_1^\alpha & & \\ & \ddots & \\ & & \lambda_m^\alpha \end{bmatrix}$$

不妨用 $[\alpha]$ 表示 α 的整数部分，$\{\alpha\}$ 表示 α 的小数部分，则 $\alpha = [\alpha] + \{\alpha\}$。比如 $[1.25] = 1$，$\{1.25\} = 0.25$。这样对于任意一个特征值 λ_j，λ_j^α 的计算可以分为两部分的乘积 $\lambda_j^\alpha = \lambda_j^{[\alpha]}\lambda_j^{\{\alpha\}}$，其中 $\lambda_j^{\{\alpha\}}$ 的计算与 $\lambda_j^{1/n}$ 的计算类似，就不再赘述。如果 α 为负实数，则 $-\alpha$ 为正实数。由于 $\mathbf{A}^\alpha = \left(\mathbf{A}^{-1}\right)^{-\alpha}$，因此可以直接利用公式 (5.3) 得到 $\mathbf{A}^\alpha$。如果 $\alpha = 0$，则 $\mathbf{A}^\alpha = \mathbf{A}^0 = \mathbf{I}$。

5.1.1 实特征值情形

在本节，我们从线性变换的角度讨论一下只包含正的实特征值的矩阵的任意次幂的情况。比如，对于如下矩阵

$$\mathbf{A} = \left[\begin{array}{cc} 1 & 0.5 \\ 0.5 & 1 \end{array}\right]$$

首先对其进行特征分解有 $\mathbf{A} = \mathbf{U}\mathbf{D}\mathbf{U}^{-1}$，其中 $\mathbf{D}, \mathbf{U}$ 分别是矩阵 $\mathbf{A}$ 的特征值矩阵和相应的特征向量矩阵，

$$\mathbf{D} = \left[\begin{array}{cc} \lambda_1 & 0 \\ 0 & \lambda_2 \end{array}\right] = \left[\begin{array}{cc} 0.5 & 0 \\ 0 & 1.5 \end{array}\right], \quad \mathbf{U} = \left[\begin{array}{cc} \mathbf{u}_1 & \mathbf{u}_2 \end{array}\right] = \left[\begin{array}{cc} \sqrt{2}/2 & \sqrt{2}/2 \\ -\sqrt{2}/2 & \sqrt{2}/2 \end{array}\right]$$

从矩阵的特征值可以看出，矩阵 $\mathbf{A}$ 对应的线性变换为一个挤压变换，该变换在 $\mathbf{u}_1 = [\begin{array}{cc} \sqrt{2}/2 & -\sqrt{2}/2 \end{array}]^\mathrm{T}$ 方向有一个 0.5 倍的收缩，而在 $\mathbf{u}_2 = [\begin{array}{cc} \sqrt{2}/2 & \sqrt{2}/2 \end{array}]^\mathrm{T}$ 方向有一个 1.5 倍的扩张。根据矩阵的幂的定义，$\mathbf{A}^\alpha = \mathbf{U}\mathbf{D}^\alpha\mathbf{U}^{-1}$，它对应新的挤压变换。该变换在 $\mathbf{u}_1 = [\begin{array}{cc} \sqrt{2}/2 & -\sqrt{2}/2 \end{array}]^\mathrm{T}$ 方向有一个 0.5^α 倍的缩放，而在 $\mathbf{u}_2 = [\begin{array}{cc} \sqrt{2}/2 & \sqrt{2}/2 \end{array}]^\mathrm{T}$ 方向有一个 1.5^α 倍的缩放。

当 $\alpha = 0$ 时，显然有 $\mathbf{A}^\alpha = \mathbf{A}^0 = \mathbf{I} = \left[\begin{array}{cc} 1 & 0 \\ 0 & 1 \end{array}\right]$。此时，它显然对应恒等变换，在它的作用下，平面上的绿色图形保持不变 (如图 5.1)。

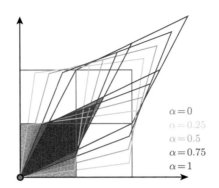

图 5.1　矩阵的幂与对应的线性变换

本例中采用的矩阵对应挤压变换, 其中绿色图形为原始图形, 其他颜色图形为在挤压矩阵的
不同的幂作用下变换之后的图形

当 $\alpha = 0.25$ 时, 计算可得

$$\mathbf{A}^{0.25} = \mathbf{U}\mathbf{D}^{0.25}\mathbf{U}^{-1} = \begin{bmatrix} 0.9738 & 0.1329 \\ 0.1329 & 0.9738 \end{bmatrix}$$

$\mathbf{A}^{0.25}$ 对应一个新的挤压变换, 该变换在 $\mathbf{u}_1 = [\begin{array}{cc} \sqrt{2}/2 & -\sqrt{2}/2 \end{array}]^{\mathrm{T}}$ 方向有一个 $0.5^{0.25} \approx 0.8409$ 倍的压缩, 而在 $\mathbf{u}_2 = [\begin{array}{cc} \sqrt{2}/2 & \sqrt{2}/2 \end{array}]^{\mathrm{T}}$ 方向有一个 $1.5^{0.25} \approx 1.1067$ 倍的扩张。在 $\mathbf{A}^{0.25}$ 的作用下, 平面上的绿色图形变换为青色图形 (如图 5.1)。

当 $\alpha = 0.5$ 时, 计算可得

$$\mathbf{A}^{0.5} = \mathbf{U}\mathbf{D}^{0.5}\mathbf{U}^{-1} = \begin{bmatrix} 0.9659 & 0.2588 \\ 0.2588 & 0.9659 \end{bmatrix}$$

$\mathbf{A}^{0.5}$ 对应一个新的挤压变换, 该变换在 $\mathbf{u}_1 = [\begin{array}{cc} \sqrt{2}/2 & -\sqrt{2}/2 \end{array}]^{\mathrm{T}}$ 方向有一个 $0.5^{0.5} \approx 0.7071$ 倍的压缩, 而在 $\mathbf{u}_2 = [\begin{array}{cc} \sqrt{2}/2 & \sqrt{2}/2 \end{array}]^{\mathrm{T}}$ 方向有一个 $1.5^{0.5} \approx 1.2247$ 倍的扩张。在 $\mathbf{A}^{0.5}$ 的作用下, 平面上的绿色图形变换为橙色图形 (如图 5.1)。

当 $\alpha = 0.75$ 时, 计算可得

$$\mathbf{A}^{0.75} = \mathbf{U}\mathbf{D}^{0.75}\mathbf{U}^{-1} = \begin{bmatrix} 0.9750 & 0.3804 \\ 0.3804 & 0.9750 \end{bmatrix}$$

$\mathbf{A}^{0.75}$ 对应一个新的挤压变换，该变换在 $\mathbf{u}_1 = \begin{bmatrix} \sqrt{2}/2 & -\sqrt{2}/2 \end{bmatrix}^{\mathrm{T}}$ 方向有一个 $0.5^{0.75} \approx 0.5946$ 倍的压缩，而在 $\mathbf{u}_2 = \begin{bmatrix} \sqrt{2}/2 & \sqrt{2}/2 \end{bmatrix}^{\mathrm{T}}$ 方向有一个 $1.5^{0.75} \approx 1.3554$ 倍的扩张。在 $\mathbf{A}^{0.75}$ 的作用下，平面上的绿色图形变换为棕色图形 (如图 5.1)。

当 $\alpha = 1$ 时，显然有 $\mathbf{A}^1 = \mathbf{A} = \begin{bmatrix} 1 & 0.5 \\ 0.5 & 1 \end{bmatrix}$。在其作用下，平面上的绿色图形变换为蓝色图形 (如图 5.1)。

可以证明，对于任意的实数 α，$\mathbf{A}^\alpha$ 始终为实矩阵，即矩阵 $\mathbf{A}$ 可以在实域内开任意次方。由图 5.1 可以推断，当 α 连续变化时，它对原始绿色图形的变换也是连续的。因此，可以称挤压变换是一种连续变换。

5.1.2 复特征值情形

在本节，我们从线性变换的角度讨论一下只包含复 (虚) 特征值的矩阵的任意次幂的情况。比如，对于如下矩阵

$$\mathbf{A} = \begin{bmatrix} \sqrt{2}/2 & -\sqrt{2}/2 \\ \sqrt{2}/2 & \sqrt{2}/2 \end{bmatrix}$$

3.1.2 节已经给出了该矩阵的特征分解结果为 $\mathbf{A} = \mathbf{U}\mathbf{D}\mathbf{U}^{-1}$，其中特征值矩阵和特征向量矩阵分别为

$$\mathbf{D} = \begin{bmatrix} \lambda_1 & 0 \\ 0 & \lambda_2 \end{bmatrix} = \begin{bmatrix} \sqrt{2}/2 + (\sqrt{2}/2)i & 0 \\ 0 & \sqrt{2}/2 - (\sqrt{2}/2)i \end{bmatrix}$$

$$= \begin{bmatrix} e^{\pi i/4} & 0 \\ 0 & e^{-\pi i/4} \end{bmatrix}$$

$$\mathbf{U} = \begin{bmatrix} \mathbf{u}_1 & \mathbf{u}_2 \end{bmatrix} = \begin{bmatrix} \sqrt{2}/2 & \sqrt{2}/2 \\ -(\sqrt{2}/2)i & (\sqrt{2}/2)i \end{bmatrix}$$

由于该矩阵的两个特征值是互为共轭的复数，说明它所对应的线性变换只包含旋转，且旋转角度为 $\frac{\pi}{4}$。根据矩阵的幂的定义，$\mathbf{A}^{\alpha} = \mathbf{U}\mathbf{D}^{\alpha}\mathbf{U}^{-1}$，其中，

$$\mathbf{D}^{\alpha} = \begin{bmatrix} e^{\alpha\pi i/4} & 0 \\ 0 & e^{-\alpha\pi i/4} \end{bmatrix}$$

矩阵 $\mathbf{A}^{\alpha}$ 对应平面上的一个新的旋转变换，旋转角度为 $\frac{\alpha\pi}{4}$。

当 $\alpha = 0$ 时，$\mathbf{A}^{\alpha} = \mathbf{A}^{0} = \mathbf{I}$ 为恒等变换，在它的作用下，平面上的绿色图形保持不变 (如图 5.2)。

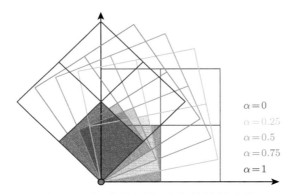

图 5.2　矩阵的幂与对应的线性变换

本例中采用的矩阵对应旋转变换，其中绿色图形为原始图形，其他颜色的图形为在旋转矩阵的不同幂作用下变换之后的图形

当 $\alpha = 0.25$ 时，计算可得

$$\mathbf{A}^{0.25} = \mathbf{U}\mathbf{D}^{0.25}\mathbf{U}^{-1} = \begin{bmatrix} 0.9808 & -0.1951 \\ 0.1951 & 0.9808 \end{bmatrix}$$

$\mathbf{A}^{0.25}$ 对应平面上一个新的旋转变换，旋转角度为 $\frac{\pi}{16}$。在 $\mathbf{A}^{0.25}$ 的作用下，平面上的绿色图形变换为青色图形 (如图 5.2)。

当 $\alpha = 0.5$ 时，计算可得

$$\mathbf{A}^{0.5} = \mathbf{U}\mathbf{D}^{0.5}\mathbf{U}^{-1} = \begin{bmatrix} 0.9239 & -0.3827 \\ 0.3827 & 0.9239 \end{bmatrix}$$

$\mathbf{A}^{0.5}$ 对应平面上一个新的旋转变换, 旋转角度为 $\dfrac{\pi}{8}$。在 $\mathbf{A}^{0.5}$ 的作用下, 平面上的绿色图形变换为橙色图形 (如图 5.2)。

当 $\alpha = 0.75$ 时, 计算可得

$$\mathbf{A}^{0.75} = \mathbf{U}\mathbf{D}^{0.75}\mathbf{U}^{-1} = \begin{bmatrix} 0.8315 & -0.5556 \\ 0.5556 & 0.8315 \end{bmatrix}$$

$\mathbf{A}^{0.75}$ 对应平面上一个新的旋转变换, 旋转角度为 $\dfrac{3\pi}{16}$。在 $\mathbf{A}^{0.75}$ 的作用下, 平面上的绿色图形变换为棕色图形 (如图 5.2)。

当 $\alpha = 1$ 时, $\mathbf{A}^1 = \mathbf{A}$, 在它的作用下, 平面上的绿色图形旋转 $\dfrac{\pi}{4}$ 变换为蓝色图形 (如图 5.2)。

可以证明, 对于任意的实数 α, $\mathbf{A}^\alpha$ 始终为实矩阵。由图 5.2 可以推断, 当 α 连续变化时, $\mathbf{A}^\alpha$ 对原始绿色图形的变换也是连续的。因此, 可以称旋转变换是一种连续变换。

5.1.3 两种类型特征值情形

前面两小节讨论了缩放 (缩放变换是挤压变换的特殊情形) 和旋转两个基本的线性变换, 它们对应的矩阵均可以在实域内开任意次方。那么, 对于一个同时包含旋转和缩放的矩阵在实域内是否也可以开任意次方呢? 答案是肯定的, 下面根据缩放是否在旋转平面内分两种情况进行讨论。

(1) 旋转和缩放发生在同一平面

比如, 对于矩阵

$$\mathbf{A} = \begin{bmatrix} 0 & -2 \\ 1 & 0 \end{bmatrix}$$

首先可以对其进行特征分解有 $\mathbf{A} = \mathbf{U}\mathbf{D}\mathbf{U}^{-1}$, 其中特征值矩阵和特征向量矩阵分别为

$$\mathbf{D} = \begin{bmatrix} i\sqrt{2} & 0 \\ 0 & -i\sqrt{2} \end{bmatrix}, \quad \mathbf{U} = \begin{bmatrix} 0.8165 & 0.8165 \\ -0.5774i & 0.5774i \end{bmatrix}$$

由于该矩阵的两个特征值是互为共轭的复数且模不等于 1，说明它所对应的线性变换同时包含了旋转和缩放，并且这两个动作都发生在 $\mathrm{Real}\,(\mathbf{u}_1) = \begin{bmatrix} 0.8165 & 0 \end{bmatrix}^\mathrm{T}, \mathrm{Imag}\,(\mathbf{u}_1) = \begin{bmatrix} 0 & -0.5774 \end{bmatrix}^\mathrm{T}$ 分别作为基底的坐标系所在的平面上，且旋转"角度"为 $\frac{\pi}{2}$。需要再次强调的是，这里的旋转"角度"并不是通常意义下的角度，而是以 $\mathrm{Real}\,(\mathbf{u}_1), \mathrm{Imag}\,(\mathbf{u}_1)$ 为基底的坐标平面上的赝角度 (请参考 3.1.2 节中关于向量间赝角度的解释)。由于 $|\mathbf{A}| = |\mathbf{D}| = -i\sqrt{2} \times i\sqrt{2} = 2$，因此，除了旋转，该矩阵同时会带来 2 倍的整体缩放 (且缩放也发生在旋转所在的平面上)。根据矩阵的幂的定义，$\mathbf{A}^\alpha = \mathbf{U}\mathbf{D}^\alpha\mathbf{U}^{-1}$，其中，

$$\mathbf{D}^\alpha = \begin{bmatrix} 2^{\alpha/2}e^{\alpha\pi i/2} & 0 \\ 0 & 2^{\alpha/2}e^{-\alpha\pi i/2} \end{bmatrix}$$

矩阵 $\mathbf{A}^\alpha$ 对应上述坐标平面上的一个新的同时包含旋转和缩放的线性变换，且旋转"角度"为 $\frac{\alpha\pi}{2}$，整体缩放度为 $|\mathbf{D}^\alpha| = 2^\alpha$。

当 $\alpha = 0$ 时，$\mathbf{A}^\alpha = \mathbf{A}^0 = \mathbf{I}$，为恒等变换。在它的作用下，平面上的绿色图形保持不变 (如图 5.3)。

当 $\alpha = 0.25$ 时，计算可得

$$\mathbf{A}^{0.25} = \mathbf{U}\mathbf{D}^{0.25}\mathbf{U}^{-1} = \begin{bmatrix} 1.0075 & -0.5902 \\ 0.2951 & 1.0075 \end{bmatrix}$$

$\mathbf{A}^{0.25}$ 对应上述坐标平面上一个新的同时包含旋转和缩放的线性变换，且旋转"角度"为 $\frac{\pi}{8}$，整体缩放度为 $|\mathbf{D}^{1/4}| = 2^{1/4}$。在 $\mathbf{A}^{0.25}$ 的作用下，平面上的绿色图形变换为青色图形 (如图 5.3)。

当 $\alpha = 0.5$ 时，计算可得

$$\mathbf{A}^{0.5} = \mathbf{U}\mathbf{D}^{0.5}\mathbf{U}^{-1} = \begin{bmatrix} 0.8409 & -1.1892 \\ 0.5946 & 0.8409 \end{bmatrix}$$

$\mathbf{A}^{0.5}$ 对应上述坐标平面上一个新的同时包含旋转和缩放的线性变换,且旋转"角度"为 $\dfrac{\pi}{4}$,缩放度为 $|\mathbf{D}^{1/2}| = \sqrt{2}$。在 $\mathbf{A}^{0.5}$ 的作用下,平面上的绿色图形变换为橙色图形 (如图 5.3)。

当 $\alpha = 0.75$ 时,计算可得

$$\mathbf{A}^{0.75} = \mathbf{U}\mathbf{D}^{0.75}\mathbf{U}^{-1} = \begin{bmatrix} 0.4963 & -1.6944 \\ 0.8472 & 0.4963 \end{bmatrix}$$

$\mathbf{A}^{0.75}$ 对应上述坐标平面上一个新的同时包含旋转和缩放的线性变换,且旋转"角度"为 $\dfrac{3\pi}{8}$,整体缩放度为 $|\mathbf{D}^{3/4}| = 2^{3/4}$。在 $\mathbf{A}^{0.75}$ 的作用下,平面上的绿色图形变换为棕色图形 (如图 5.3)。

当 $\alpha = 1$ 时,$\mathbf{A}^1 = \mathbf{A}$,在它的作用下,平面上的绿色图形旋转 $\dfrac{\pi}{2}$ 的"角度"且同时整体缩放 $|\mathbf{D}| = 2$ 倍变换为蓝色图形 (如图 5.3)。

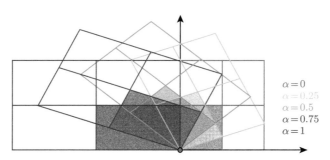

$\alpha = 0$
$\alpha = 0.25$
$\alpha = 0.5$
$\alpha = 0.75$
$\alpha = 1$

图 5.3 矩阵的幂与对应的线性变换

本例中采用的矩阵同时包含旋转和缩放,其中绿色图形为原始图形,其他颜色的图形为在该矩阵不同的幂作用下变换之后的图形

可以证明,对于任意的实数 α,$\mathbf{A}^{\alpha}$ 始终为实矩阵。由图 5.3 可以推断,当 α 连续变化时,$\mathbf{A}^{\alpha}$ 对原始绿色图形的变换也是连续的。因此,当一个矩阵同时包含旋转和缩放,且它们发生在同一个平面时,对应的矩阵可以在实域内开任意次方。接下来,我们可以看到,当旋转和缩放发生在不同的子空间时,对应的矩阵仍然可以开任意次方。

(2) 旋转和缩放发生在不同子空间

比如，对于如下的矩阵

$$\mathbf{A} = \begin{bmatrix} 1/3 & 4/3 & 1/3 \\ 1/3 & 1/3 & 4/3 \\ 4/3 & 1/3 & 1/3 \end{bmatrix}$$

从 3.1.3 节我们已经知道，矩阵 $\mathbf{A}$ 的特征值矩阵和特征向量矩阵分别为

$$\mathbf{D} = \begin{bmatrix} 2 & 0 & 0 \\ 0 & -1/2 + i\sqrt{3}/2 & 0 \\ 0 & 0 & -1/2 - i\sqrt{3}/2 \end{bmatrix} = \begin{bmatrix} 2 & 0 & 0 \\ 0 & e^{2\pi i/3} & 0 \\ 0 & 0 & e^{-2\pi i/3} \end{bmatrix},$$

$$\mathbf{U} = \begin{bmatrix} \mathbf{u}_1 & \mathbf{u}_2 & \mathbf{u}_3 \end{bmatrix} = \begin{bmatrix} \sqrt{3}/3 & \sqrt{3}/3 & \sqrt{3}/3 \\ \sqrt{3}/3 & -\sqrt{3}/6 + i/2 & -\sqrt{3}/6 - i/2 \\ \sqrt{3}/3 & -\sqrt{3}/6 - i/2 & -\sqrt{3}/6 + i/2 \end{bmatrix}$$

由于矩阵的特征值包含一个实数和两个互为共轭的复数，显然该矩阵对应的线性变换包含缩放和旋转操作，且这两个动作发生在不同的子空间。根据公式 (5.3)，可以得到 $\mathbf{A}^\alpha = \mathbf{U}\mathbf{D}^\alpha\mathbf{U}^{-1}$，其中

$$\mathbf{D}^\alpha = \begin{bmatrix} 2^\alpha & 0 & 0 \\ 0 & e^{2\alpha\pi i/3} & 0 \\ 0 & 0 & e^{-2\alpha\pi i/3} \end{bmatrix}$$

由于 $\mathbf{A}^\alpha$ 的特征值仍然是一个实数和两个互为共轭的复数，因此，$\mathbf{A}^\alpha$ 所对应的线性变换仍然包含了一个缩放和一个旋转。其中缩放变换仍然发生在第一个特征向量 $\mathbf{u}_1$ 方向，缩放度为 2^α；而旋转则仍然发生在 $\mathbf{u}_2$ 的实部向量和虚部向量所张成的平面上，旋转角度为 $\dfrac{2\alpha\pi}{3}$。可以证明，$\mathbf{A}^\alpha$ 仍然为实矩阵 (留给读者验证)。

上面的例子表明，当一个矩阵同时包含了旋转和缩放两个动作时，无论这两个动作是否发生在同一个地方，对应的矩阵在实域内都可以开

任意次方。那么接下来自然而然会想到，包含反射的矩阵是否可以在实域内计算任意次幂？

5.1.4 负特征值情形

当一个矩阵包含负特征值时，说明它对应的线性变换必然包含反射操作。比如，如下矩阵

$$\mathbf{A} = \begin{bmatrix} -1 & 0 \\ 0 & 1 \end{bmatrix}$$

显然，该矩阵对应一个以垂直方向为镜面的反射变换。那么，矩阵 $\mathbf{A}$ 在实域内是否可以开任意次方呢？接下来，我们不妨先分析一下，该矩阵在实域内是否可以开 n 次方。

容易看出，当 n 为奇数时，$\mathbf{A}$ 的 n 次方根在实数域内存在，且 $\mathbf{A}^{1/n} = \mathbf{A}$。比如 $\mathbf{A}^{1/3} = \mathbf{A}$。当 n 为偶数时，不妨设 $n = 2$，我们接下来讨论一下 $\mathbf{A}$ 的平方根在实数域的存在性。由于 -1 的平方根值可能为 i 或者 $-i$。因此根据前面所讲的矩阵的开方规则 (正实数的算术平方根仍然为正实数)，矩阵 $\mathbf{A}$ 的平方根只可能是

$$\mathbf{A}^{1/2} = \begin{bmatrix} i & 0 \\ 0 & 1 \end{bmatrix} \quad \text{或者} \quad \mathbf{A}^{1/2} = \begin{bmatrix} -i & 0 \\ 0 & 1 \end{bmatrix}$$

尽管下面两个矩阵的平方也等于 $\mathbf{A}$，但是它们并不满足前面讲的矩阵的开方规则，因此，将不对这个结果进行讨论。

$$\begin{bmatrix} i & 0 \\ 0 & -1 \end{bmatrix}, \quad \begin{bmatrix} -i & 0 \\ 0 & -1 \end{bmatrix}$$

我们可以发现矩阵 $\mathbf{A}$ 的开平方，必然不再是实矩阵了。也就是说在实域内，矩阵 $\mathbf{A}$ 并不能开任意次方。这究竟是为什么呢？

从线性变换的角度来讲，旋转和缩放都可以看作连续的变换过程，也就是说我们可以缩放任意长度，也可以旋转任意角度。但是，反射却

不是一个连续的线性变换过程。从一个点反射到另外一个点，中间没有任何过程。我们可以说反射两次，却不能说反射半次。这正是反射变换对应的矩阵在实域内不能开任意次方的本质原因 (图 5.4)。

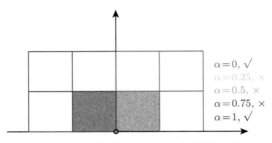

图 5.4   矩阵的幂与对应的线性变换

本例中采用的矩阵对应反射变换。由于反射变换的非连续性，对应的矩阵不能开任意次幂。其中绿色图形为原始图形，其他颜色的图形为变换后的图形。该反射矩阵的 $0.25, 0.5, 0.75$ 次方都不存在

5.1.5   负特征值对情形

前面我们已经讲过，当矩阵含有负特征值的时候，就说明该矩阵所对应的线性变换含有反射的操作。此时，由于反射动作的非连续性，该矩阵一般情况下是不能开任意次方的。但是，从下面的例子可以看出并不是所有的包含负特征值的矩阵都不能开任意次方。

比如，下面的矩阵包含了两个大小相等的复特征值，或者说包含了一个负特征值对，

$$\mathbf{A} = \begin{bmatrix} -1 & 0 \\ 0 & -1 \end{bmatrix}$$

显然，我们可以对矩阵 $\mathbf{A}$ 进行如下特征分解，$\mathbf{A} = \mathbf{U}\mathbf{D}\mathbf{U}^{-1}$，其中，

$$\mathbf{D} = \mathbf{A} = \begin{bmatrix} -1 & 0 \\ 0 & -1 \end{bmatrix}, \quad \mathbf{U} = \begin{bmatrix} \mathbf{u}_1 & \mathbf{u}_2 \end{bmatrix} = \begin{bmatrix} 1 & 0 \\ 0 & 1 \end{bmatrix}$$

这说明矩阵 $\mathbf{A}$ 包含了两个反射过程，一个是以水平方向 $\mathbf{u}_1$ 为镜面的反射，一个是以垂直方向 $\mathbf{u}_2$ 为镜面的反射。因此，从反射过程的非连续

性可以看出，矩阵 $\mathbf{A}$ 是不能开任意次方的。但是，我们可以从另外一个角度对该矩阵进行分析，即可以把矩阵 $\mathbf{A}$ 的两个对角元素 -1 看作两个互为共轭的复数。由于 $\mathbf{A}$ 为对角矩阵，因此其特征值矩阵就是其本身，也就是说矩阵 $\mathbf{A}$ 有两个互为共轭的特征值 (都为 -1)。由于 -1 对应的辐角为 $\boldsymbol{\pi}$，即 $e^{\pi i} = -1$，因此也可以认为 $\mathbf{A}$ 对应的线性变换为平面上的旋转，且旋转角度为 $\boldsymbol{\pi}$。

从图 5.5 可以看出，双向反射和 $180°$ 的旋转确实没有任何区别。由于互为共轭的特征值必然对应互为共轭的特征向量,因此,我们下面任意构造两个互为共轭的二维复向量，比如 $\mathbf{u}_1 = \begin{bmatrix} 1 & i \end{bmatrix}^{\mathrm{T}}, \mathbf{u}_2 = \begin{bmatrix} 1 & -i \end{bmatrix}^{\mathrm{T}}$，并令 $\mathbf{D} = \mathbf{A}, \mathbf{U} = \begin{bmatrix} \mathbf{u}_1 & \mathbf{u}_2 \end{bmatrix}$，显然此时我们有矩阵的另外一种特征分解

$$\mathbf{A} = \mathbf{U}\mathbf{D}\mathbf{U}^{-1} = \begin{bmatrix} 1 & 1 \\ i & -i \end{bmatrix} \begin{bmatrix} -1 & 0 \\ 0 & -1 \end{bmatrix} \begin{bmatrix} 1 & 1 \\ i & -i \end{bmatrix}^{-1}$$

其中 $\mathbf{D}, \mathbf{U}$ 分别为 $\mathbf{A}$ 的特征值矩阵与特征向量矩阵。

为了方便起见，接下来不妨首先分析矩阵 $\mathbf{A}$ 在此时是否可以开平方。根据前面讲的矩阵开方规则 (复特征值必须以共轭的形式同时出现)，$\mathbf{D}$ 的平方根结果只可能为

$$\mathbf{D}^{1/2} = \begin{bmatrix} i & 0 \\ 0 & -i \end{bmatrix} \quad \text{或者} \quad \mathbf{D}^{1/2} = \begin{bmatrix} -i & 0 \\ 0 & i \end{bmatrix}$$

当 $\mathbf{D}^{1/2}$ 的结果为第一种情况时，则有

$$\mathbf{A}^{1/2} = \mathbf{U}\mathbf{D}^{1/2}\mathbf{U}^{-1} = \begin{bmatrix} 1 & 1 \\ i & -i \end{bmatrix} \begin{bmatrix} i & 0 \\ 0 & -i \end{bmatrix} \begin{bmatrix} 1 & 1 \\ i & -i \end{bmatrix}^{-1} = \begin{bmatrix} 0 & 1 \\ -1 & 0 \end{bmatrix}$$

当 $\mathbf{D}^{1/2}$ 的结果为第二种情况时，则有

$$\mathbf{A}^{1/2} = \mathbf{U}\mathbf{D}^{1/2}\mathbf{U}^{-1} = \begin{bmatrix} 1 & 1 \\ i & -i \end{bmatrix} \begin{bmatrix} -i & 0 \\ 0 & i \end{bmatrix} \begin{bmatrix} 1 & 1 \\ i & -i \end{bmatrix}^{-1} = \begin{bmatrix} 0 & -1 \\ 1 & 0 \end{bmatrix}$$

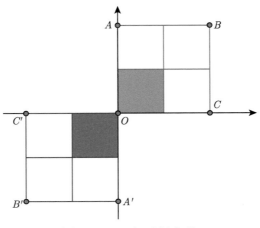

图 5.5　双向反射变换

双向反射变换所对应的矩阵是否可以在实域内开任意次方，取决于我们把它当作两个反射变换，还是当作一个旋转变换。当把它视为两个反射时，矩阵在实域内不能开方；而当把它整体看作 180° 的旋转时，矩阵可以开任意次方

我们接下来构造一对不同的复共轭特征向量对，比如

$$\mathbf{u}_1 = \begin{bmatrix} 1+2i & 1-i \end{bmatrix}^{\mathrm{T}}, \quad \mathbf{u}_2 = \begin{bmatrix} 1-2i & 1+i \end{bmatrix}^{\mathrm{T}}$$

此时

$$\mathbf{A}^{1/2} = \mathbf{U}\mathbf{D}^{1/2}\mathbf{U}^{-1} = \begin{bmatrix} 1+2i & 1-2i \\ 1-i & 1+i \end{bmatrix} \begin{bmatrix} i & 0 \\ 0 & -i \end{bmatrix} \begin{bmatrix} 1+2i & 1-2i \\ 1-i & 1+i \end{bmatrix}^{-1}$$

$$= \begin{bmatrix} -1/3 & -5/3 \\ 2/3 & 1/3 \end{bmatrix}$$

或

$$\mathbf{A}^{1/2} = \mathbf{U}\mathbf{D}^{1/2}\mathbf{U}^{-1} = \begin{bmatrix} 1+2i & 1-2i \\ 1-i & 1+i \end{bmatrix} \begin{bmatrix} -i & 0 \\ 0 & i \end{bmatrix} \begin{bmatrix} 1+2i & 1-2i \\ 1-i & 1+i \end{bmatrix}^{-1}$$

$$= \begin{bmatrix} 1/3 & 5/3 \\ -2/3 & -1/3 \end{bmatrix}$$

可以看出，当构造不同的复特征向量时，$\mathbf{A}$ 的平方根对应不同的结果。有趣的是，可以验证，所有的这些开方结果所对应的矩阵之间都是相似的。比如

$$\begin{bmatrix} -1/3 & -5/3 \\ 2/3 & 1/3 \end{bmatrix} = \mathbf{S} \begin{bmatrix} 0 & 1 \\ -1 & 0 \end{bmatrix} \mathbf{S}^{-1}$$

其中，

$$\mathbf{S} = \begin{bmatrix} 1.1952 & 0 \\ -0.2390 & -0.7171 \end{bmatrix}$$

也就是说，这些开方后的矩阵虽然形式上有所不同，但是从物理上并没有任何区别。即，它们都对应着同一个线性变换——平面上角度为 $\pi/2$ 的旋转。同理，我们可以用同样的方式对矩阵 $\mathbf{A}$ 开任意次方。

总结而言，在矩阵 $\mathbf{A}$ 有两个相同的负特征值的情况下，它是否可以开任意次方，要取决于它的特征向量的选取情况。当所选取的特征向量都为实向量时，矩阵 $\mathbf{A}$ 所对应的线性变换只能当作镜面反射，因此矩阵在实域内是不能开任意次方的。而当选取的特征向量为互为共轭的复特征向量时，矩阵 $\mathbf{A}$ 所对应的线性变换可以看作是 180° 的旋转，此时矩阵在实域内是可以开任意次方的。

同理，当一个矩阵 $\mathbf{A}$ 有两个相同的正特征根时，也可以做类似的考虑。除了可以将其看作两个缩放度相同的缩放操作外，也可以将其看作旋转角度为 0° 或者 360° 的旋转操作。此时 $\mathbf{A}$ 的任意次方的计算也取决于特征向量的选取。比如单位阵

$$\mathbf{A} = \begin{bmatrix} 1 & 0 \\ 0 & 1 \end{bmatrix}$$

它的 $\dfrac{1}{4}$ 次方也同样有无穷多个结果，下列矩阵

$$\begin{bmatrix} 1 & 0 \\ 0 & 1 \end{bmatrix}, \quad \begin{bmatrix} 0 & 1 \\ -1 & 0 \end{bmatrix}, \quad \begin{bmatrix} -1/3 & -5/3 \\ 2/3 & 1/3 \end{bmatrix}$$

都可以作为 $\mathbf{A}^{1/4}$ 的结果 (留给读者验证)。

通过以上的分析，我们从线性变换是否具有连续性的角度给出可对角化矩阵在实域内是否可以开任意次方的**矩阵开方定理**：

定理 5.1 $n \times n$ 可对角化实矩阵 $\mathbf{A}$ 在实域内可以开任意次方的充要条件为：该矩阵所对应的线性变换不包含不能被等效为旋转的镜面反射操作。

在前面几节的讨论中，5.1.1—5.1.3 节中讨论的矩阵只包含缩放和旋转操作，因为这些动作本身具有连续性，因此相应的矩阵可以在实域内开任意次方。5.1.4 节中的矩阵包含了镜面反射，由于反射动作的不连续性，因此矩阵不能在实域内开任意次方。5.1.5 节中的矩阵虽然包含了镜面反射，但其可以等效为旋转，因此该矩阵仍然可以在实域内开任意次方。根据定理 5.1，我们很容易得到如下两个推论。

推论 5.1 实正定矩阵可以在实域内开任意次方。

注 因为实正定矩阵只包含缩放这一具有连续性的操作，因此它必然可以在实域内开任意次方。

推论 5.2 行列式为负值的实矩阵不能在实域内开任意次方。

注 行列式为负值的实矩阵必然至少包含单个不能配对的负特征值，因此该反射动作不能等效为旋转，故该矩阵必然在实域内不能开任意次方。

5.2 任意矩阵的幂

我们在 5.1 节已经讲了可对角化矩阵的幂的问题，接下来我们讨论不可对角化矩阵的幂的问题。

5.2.1 矩阵二项式定理

我们在第 4 章中已经知道，任意一个 $n \times n$ 矩阵 $\mathbf{A}$，总存在一个若尔当矩阵 $\mathbf{J}$ 与其相似。即，总存在一个可逆矩阵 $\mathbf{P}$，使得 $\mathbf{A} = \mathbf{P} \mathbf{J} \mathbf{P}^{-1}$，其中 $\mathbf{J}$ 为若尔当矩阵

$$\mathbf{J} = \begin{bmatrix} \mathbf{B}_1 & 0 & \cdots & 0 \\ 0 & \ddots & \ddots & \vdots \\ \vdots & \ddots & \ddots & 0 \\ 0 & \cdots & 0 & \mathbf{B}_s \end{bmatrix}, \quad \mathbf{B}_i = \begin{bmatrix} \lambda_i & 1 & 0 & \cdots & 0 \\ 0 & \lambda_i & \ddots & \ddots & \vdots \\ \vdots & \ddots & \ddots & \ddots & 0 \\ \vdots & \ddots & \ddots & \ddots & 1 \\ 0 & \cdots & \cdots & 0 & \lambda_i \end{bmatrix}$$

那么，对于任意一个正整数 n，矩阵 $\mathbf{A}$ 的 n 次方可以按如下公式计算

$$\mathbf{A}^n = \mathbf{P}\mathbf{J}^n\mathbf{P}^{-1}$$

其中，

$$\mathbf{J}^n = \begin{bmatrix} \mathbf{B}_1^n & 0 & \cdots & 0 \\ 0 & \ddots & \ddots & \vdots \\ \vdots & \ddots & \ddots & 0 \\ 0 & \cdots & 0 & \mathbf{B}_s^n \end{bmatrix}$$

可以看出，为了得到 $\mathbf{J}^n$，关键是如何计算 $\mathbf{B}_i^n$。为此我们需要引入矩阵的二项式定理：

定理 5.2 (矩阵二项式定理) 当矩阵 $\mathbf{X}, \mathbf{Y}$ 可交换时 (即 $\mathbf{X}\mathbf{Y} = \mathbf{Y}\mathbf{X}$)，对于任意正整数 n，下面公式成立

$$(\mathbf{X} + \mathbf{Y})^n = \sum_{k=0}^{n} \mathrm{C}_n^k \mathbf{X}^{n-k}\mathbf{Y}^k$$

由于 $\mathbf{B}_i$ 为 $n_i \times n_i$ 矩阵，首先我们可以把 $\mathbf{B}_i$ 分为两项之和，

$$\mathbf{B}_i = \begin{bmatrix} \lambda_i & 1 & 0 & \cdots & 0 \\ 0 & \lambda_i & \ddots & \ddots & \vdots \\ \vdots & \ddots & \ddots & \ddots & 0 \\ \vdots & \ddots & \ddots & \ddots & 1 \\ 0 & \cdots & \cdots & 0 & \lambda_i \end{bmatrix}$$

$$
=
\begin{bmatrix}
\lambda_i & 0 & \cdots & \cdots & 0 \\
0 & \ddots & \ddots & & \vdots \\
\vdots & \ddots & \ddots & \ddots & \vdots \\
\vdots & & \ddots & \ddots & 0 \\
0 & \cdots & \cdots & 0 & \lambda_i
\end{bmatrix}
+
\begin{bmatrix}
0 & 1 & 0 & \cdots & 0 \\
\vdots & \ddots & \ddots & \ddots & \vdots \\
\vdots & & \ddots & \ddots & 0 \\
\vdots & & & \ddots & 1 \\
0 & \cdots & \cdots & & 0
\end{bmatrix}
$$

令

$$
\mathbf{X} =
\begin{bmatrix}
\lambda_i & 0 & \cdots & \cdots & 0 \\
0 & \ddots & \ddots & & \vdots \\
\vdots & \ddots & \ddots & \ddots & \vdots \\
\vdots & & \ddots & \ddots & 0 \\
0 & \cdots & \cdots & 0 & \lambda_i
\end{bmatrix},
\quad
\mathbf{Y} =
\begin{bmatrix}
0 & 1 & 0 & \cdots & 0 \\
\vdots & \ddots & \ddots & \ddots & \vdots \\
\vdots & & \ddots & \ddots & 0 \\
\vdots & & & \ddots & 1 \\
0 & \cdots & \cdots & & 0
\end{bmatrix}
$$

显然 $\mathbf{XY} = \mathbf{YX}$，即它们是可交换的。又因为 $\mathbf{Y}$ 是幂零矩阵，且度数为 n_i，即 $\mathbf{Y}^k = \mathbf{0}\,(k \geqslant n_i, k \in \mathbb{Z})$。根据矩阵二项式定理，我们可以得到

$$
\mathbf{B}_i^n = (\mathbf{X} + \mathbf{Y})^n = \sum_{k=0}^{n_i-1} \mathrm{C}_n^k \mathbf{X}^{n-k} \mathbf{Y}^k = \sum_{k=0}^{n_i-1} \mathrm{C}_n^k \lambda_i^{n-k} \mathbf{Y}^k \tag{5.4}
$$

事实上，矩阵二项式定理可以推广到任意实数情形，即

定理 5.3 (矩阵的广义二项式定理)　当矩阵 $\mathbf{X}, \mathbf{Y}$ 可交换时 (即 $\mathbf{XY} = \mathbf{YX}$)，对于任意实数 α，下面公式成立

$$
(\mathbf{X} + \mathbf{Y})^\alpha = \sum_{k=0}^{\infty}
\begin{pmatrix} \alpha \\ k \end{pmatrix}
\mathbf{X}^{\alpha-k} \mathbf{Y}^k \tag{5.5}
$$

其中，

$$
\begin{pmatrix} \alpha \\ 0 \end{pmatrix} = 1, \quad
\begin{pmatrix} \alpha \\ k \end{pmatrix} = \frac{\alpha\,(\alpha-1)\cdots(\alpha-k+1)}{k!}, \quad k \geqslant 1, k \in \mathbb{Z}
$$

当 α 为正整数时，比如 $\alpha = n$，$\begin{pmatrix} n \\ k \end{pmatrix} = \mathrm{C}_n^k$。

5.2.2　矩阵开方定理

在本节，我们首先给出几个不可对角化矩阵开任意次方的例子，然后给出任意矩阵的矩阵开方定理。

例 5.1　求如下矩阵的任意次幂，并分析对应的线性变换，

$$\mathbf{A} = \left[\begin{array}{cc} 1 & 1 \\ 0 & 1 \end{array} \right]$$

基于定理 5.3，直接有

$$\mathbf{A}^{\alpha} = (\mathbf{X} + \mathbf{Y})^{\alpha} = \sum_{k=0}^{1} \left(\begin{array}{c} \alpha \\ k \end{array} \right) \mathbf{I}^{\alpha-k} \mathbf{Y}^{k} = \mathbf{I} + \alpha \mathbf{Y} = \left[\begin{array}{cc} 1 & \alpha \\ 0 & 1 \end{array} \right]$$

显然，$\mathbf{A}^{\alpha}$ 对应平面上剪切度为 α 的新的剪切变换。

当 $\alpha = 0$ 时，显然有 $\mathbf{A}^{\alpha} = \mathbf{I}$ 它对应恒等变换，在它的作用下，平面上的绿色图形保持不变 (如图 5.6)。

当 $\alpha = 0.25$ 时，$\mathbf{A}^{\alpha}$ 对应平面上剪切度为 0.25 的新的剪切变换。在它的作用下，平面上的绿色图形变为青色图形 (如图 5.6)。

当 $\alpha = 0.5$ 时，$\mathbf{A}^{\alpha}$ 对应平面上剪切度为 0.5 的新的剪切变换。在它的作用下，平面上的绿色图形变为橙色图形 (如图 5.6)。

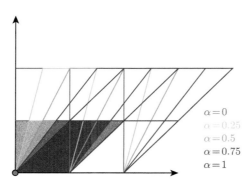

图 5.6　矩阵的幂与对应的线性变换

本例中采用的矩阵对应剪切变换，其中绿色图形为原始图形，其他颜色图形为在剪切矩阵的不同的幂作用下变换之后的图形

当 $\alpha = 0.75$ 时，$\mathbf{A}^\alpha$ 对应平面上剪切度为 0.75 的新的剪切变换。在它的作用下，平面上的绿色图形变为棕色图形 (如图 5.6)。

当 $\alpha = 1$ 时，$\mathbf{A}^\alpha$ 对应平面上剪切度为 1 的新的剪切变换。在它的作用下，平面上的绿色图形变为蓝色图形 (如图 5.6)。

显然，对于任意的实数 α，$\mathbf{A}^\alpha$ 始终为实矩阵，即矩阵 $\mathbf{A}$ 可以在实域内开任意次方。由图 5.6 可以推断，当 α 连续变化时，它对原始绿色图形的变换也是连续的。因此，相应的剪切变换是一种连续变换。

例 5.2　求如下矩阵的任意次幂，

$$\mathbf{A} = \begin{bmatrix} 2 & 1 & 0 \\ 0 & 2 & 1 \\ 0 & 0 & 2 \end{bmatrix}$$

令

$$\mathbf{X} = \begin{bmatrix} 2 & 0 & 0 \\ 0 & 2 & 0 \\ 0 & 0 & 2 \end{bmatrix}, \quad \mathbf{Y} = \begin{bmatrix} 0 & 1 & 0 \\ 0 & 0 & 1 \\ 0 & 0 & 0 \end{bmatrix}$$

则 $\mathbf{A} = \mathbf{X} + \mathbf{Y}$。其中，$\mathbf{Y}$ 为度数为 3 的幂零矩阵，即

$$\mathbf{Y}^2 = \begin{bmatrix} 0 & 0 & 1 \\ 0 & 0 & 0 \\ 0 & 0 & 0 \end{bmatrix}, \quad \mathbf{Y}^3 = \begin{bmatrix} 0 & 0 & 0 \\ 0 & 0 & 0 \\ 0 & 0 & 0 \end{bmatrix}$$

对于任意大于 3 的正整数 k，都有 $\mathbf{Y}^k = \mathbf{0}$。

基于定理 5.3，我们可以直接得到

$$\mathbf{A}^\alpha = (\mathbf{X} + \mathbf{Y})^\alpha = \sum_{k=0}^{2} \binom{\alpha}{k} 2^{\alpha - k} \mathbf{Y}^k$$

$$= 2^\alpha \mathbf{I} + \binom{\alpha}{1} 2^{\alpha-1} \mathbf{Y} + \binom{\alpha}{2} 2^{\alpha-2} \mathbf{Y}^2$$

$$= \begin{bmatrix} 2^\alpha & 0 & 0 \\ 0 & 2^\alpha & 0 \\ 0 & 0 & 2^\alpha \end{bmatrix} + \binom{\alpha}{1} \begin{bmatrix} 0 & 2^{\alpha-1} & 0 \\ 0 & 0 & 2^{\alpha-1} \\ 0 & 0 & 0 \end{bmatrix}$$

$$+ \binom{\alpha}{2} \begin{bmatrix} 0 & 0 & 2^{\alpha-2} \\ 0 & 0 & 0 \\ 0 & 0 & 0 \end{bmatrix}$$

$$= \begin{bmatrix} 2^\alpha & \binom{\alpha}{1} 2^{\alpha-1} & \binom{\alpha}{2} 2^{\alpha-2} \\ 0 & 2^\alpha & \binom{\alpha}{1} 2^{\alpha-1} \\ 0 & 0 & 2^\alpha \end{bmatrix}$$

例 5.3 讨论以下矩阵是否可以在实域开任意次方,

$$\mathbf{A} = \begin{bmatrix} -1 & 1 \\ 0 & -1 \end{bmatrix}$$

显然,矩阵 $\mathbf{A}$ 本身是一个若尔当块,只不过与例 5.1 中若尔当块不同的是,这里 $\mathbf{A}$ 的对角元素为负数。我们在 5.1.5 节中已经知道,当一个可对角化矩阵的负特征值成对出现时,该矩阵在实域内也是可以开任意次方的。那么,本例中矩阵 $\mathbf{A}$ 是否也可以类似开任意次方呢?答案是否定的!尽管这里 $\mathbf{A}$ 的负特征值也成对出现,但是它们并不能被等效为 $180°$ 的旋转,因为旋转需要互为共轭的复的特征向量支撑,而本例中实矩阵 $\mathbf{A}$ 的若尔当分解 $\mathbf{A} = \mathbf{PJP}^{-1}$ 中的矩阵 $\mathbf{P}$ 必为实矩阵。因此,带有负特征值的若尔当块不能被等效为旋转。

至此,我们可以得到任意矩阵 $\mathbf{A}$ 的矩阵开方定理:

定理 5.4 (矩阵开方定理) $n \times n$ 实矩阵 $\mathbf{A}$ 在实域内可以开任意次方的充要条件为:该矩阵所对应的线性变换不包含不能被等效为旋转的镜面反射操作。

5.3   小   结

至此，本章的内容总结为以下 2 条：

(1) 从线性变换角度，所有的线性变换可以分为两大类：连续型和离散型。其中缩放、旋转、剪切等为连续型线性变换，镜面反射为离散型线性变换。

(2) 实方阵在实域内是否可以开任意次方，取决于该矩阵所对应的线性变换是否包含不能被等效为旋转的镜面反射操作。当不包含不能被等效为旋转的镜面反射操作时，该矩阵在实域内可以开任意次方；否则，该矩阵在实域内不能开任意次方。

第 6 章 行 列 式

矩阵的特征值告诉我们一个线性变换包含了哪些具体的动作，矩阵的特征向量则告诉我们那些动作都发生在什么地方。在很多情况下，我们不仅仅需要分别了解线性变换在各个特征向量方向的不同动作，还需要了解所有这些动作造成的整体影响，比如整体缩放情况。矩阵的行列式正是诠释这一问题的基本工具。

6.1 行列式的定义

对于任意一个 $n \times n$ 矩阵

$$\mathbf{A} = \begin{bmatrix} a_{11} & a_{12} & \cdots & a_{1n} \\ a_{21} & a_{22} & \cdots & a_{2n} \\ \vdots & \vdots & \ddots & \vdots \\ a_{n1} & a_{n2} & \cdots & a_{nn} \end{bmatrix}$$

它的**行列式**定义为

$$\det(\mathbf{A}) = |\mathbf{A}| = \sum_{j_1 j_2 \cdots j_n} (-1)^{\tau(j_1 j_2 \cdots j_n)} a_{1j_1} a_{2j_2} \cdots a_{nj_n} \tag{6.1}$$

其中 $j_1 j_2 \cdots j_n$ 是 $12 \cdots n$ 的一个置换，$\tau(j_1 j_2 \cdots j_n)$ 是 $j_1 j_2 \cdots j_n$ 的逆序数。在一个排列中，如果一对数的前后位置与大小顺序相反，即前面的数大于后面的数，那么它们就称为一个逆序。一个排列中逆序的总数就称为这个排列的逆序数。比如数列 24315，它的逆序数为 4，逆序的组合分别为 (21)，(43)，(41)，(31)。

6.2 行列式的几何意义

矩阵的行列式有着明显的几何意义。对于任意一个实方阵 $\mathbf{A}$，它的行列式的大小就是该矩阵的各个列向量 (或行向量) 张成的平行多面体的体积 $\mathrm{Vol}\,(\mathbf{A})$，即

$$\mathrm{Vol}\,(\mathbf{A}) = \mathrm{abs}\,(|\mathbf{A}|) \tag{6.2}$$

当 $\mathbf{A}$ 是一个 2×2 的矩阵时，其行列式的大小等于矩阵 $\mathbf{A}$ 的两个列向量 (分别对应图 6.1 中的两个点 A, B) 张成的平行四边形的面积。

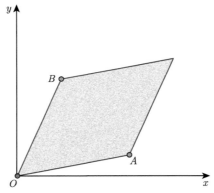

图 6.1　2×2 矩阵的行列式的大小等于该矩阵的两个列向量 (分别对应 A, B 两个点) 张成的平行四边形的面积

当 $\mathbf{A}$ 是一个 3×3 的矩阵时，其行列式的大小则等于矩阵 $\mathbf{A}$ 的三个列向量 (分别对应图 6.2 中的三个点 A, B, C) 张成的平行六面体的体积。

同理，当 $\mathbf{A}$ 是一个 $n \times n$ 的矩阵时，其行列式的大小则等于矩阵 $\mathbf{A}$ 的 n 个列向量张成的 n 维平行多面体的体积。

对于一个 $n \times m$ 的矩阵 $\mathbf{A}$，不妨设 $m < n$，$\mathbf{A}$ 的 m 个列向量可以张成一个 n 维空间的 m 维平行多面体，该平行多面体的体积 $\mathrm{Vol}\,(\mathbf{A})$ 可以用下面的公式计算：

$$\mathrm{Vol}\,(\mathbf{A}) = \sqrt{|\mathbf{A}^{\mathrm{T}}\mathbf{A}|} \tag{6.3}$$

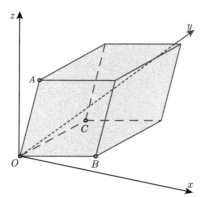

图 6.2 3×3 矩阵的行列式的大小等于该矩阵的三个列向量 (分别对应 A, B, C 三个点) 张成的平行六面体的体积

6.3 行列式的代数解释

从代数角度，对于任意的 $n \times n$ 矩阵 $\mathbf{A}$，其行列式 $|\mathbf{A}|$ 是一个以矩阵 $\mathbf{A}$ 为自变量的标量函数，同时也是以矩阵 $\mathbf{A}$ 的各个列向量 (或行向量) 为自变量的 n 重交代线性函数。接下来首先给出多重线性函数等相关概念。

定义 6.1 $V_1, V_2, \cdots, V_k$ 为域 F 上的 k 个线性空间，若对任意的 $\boldsymbol{\alpha}_i, \boldsymbol{\beta}_i \in V_i, 1 \leqslant i \leqslant k$，以及任意的 $\lambda \in F$，映射 $f : V_1 \times V_2 \times \cdots \times V_k \to F$ 满足

(1) $f(\boldsymbol{\alpha}_1, \cdots, \boldsymbol{\alpha}_{i-1}, \boldsymbol{\alpha}_i + \boldsymbol{\beta}_i, \boldsymbol{\alpha}_{i+1}, \cdots, \boldsymbol{\alpha}_k)$

$= f(\boldsymbol{\alpha}_1, \cdots, \boldsymbol{\alpha}_{i-1}, \boldsymbol{\alpha}_i, \boldsymbol{\alpha}_{i+1}, \cdots, \boldsymbol{\alpha}_k)$

$+ f(\boldsymbol{\alpha}_1, \cdots, \boldsymbol{\alpha}_{i-1}, \boldsymbol{\beta}_i, \boldsymbol{\alpha}_{i+1}, \cdots, \boldsymbol{\alpha}_k),$

(2) $f(\boldsymbol{\alpha}_1, \cdots, \lambda\boldsymbol{\alpha}_i, \cdots, \boldsymbol{\alpha}_k) = \lambda f(\boldsymbol{\alpha}_1, \cdots, \boldsymbol{\alpha}_i, \cdots, \boldsymbol{\alpha}_k),$

则称 f 为 $V_1 \times V_2 \times \cdots \times V_k$ 上的 k **重线性函数**，如果 $V_1 = V_2 = \cdots = V_k = V$，也称 f 为 V 上的 k 重线性函数。

容易验证，线性空间 V 中任意两个向量 $\boldsymbol{\alpha}_1, \boldsymbol{\alpha}_2$ 的内积 $f(\boldsymbol{\alpha}_1, \boldsymbol{\alpha}_2) = \boldsymbol{\alpha}_1^{\mathrm{T}} \boldsymbol{\alpha}_2$ 为 V 上的二重线性函数，$n \times n$ 矩阵 $\mathbf{A}$ 的行列式 $|\mathbf{A}|$ 是 n 维欧氏空间上的 n 重线性函数。

关于线性空间 V 上的 k 重线性函数 f，如果对于 k 阶置换群 S_k 中的任何一个元素 σ，都有 $f\left(\boldsymbol{\alpha}_{\sigma(1)}, \cdots, \boldsymbol{\alpha}_{\sigma(k)}\right) = f\left(\boldsymbol{\alpha}_1, \cdots, \boldsymbol{\alpha}_k\right)$，则称 f 是**对称**的。由于

$$f\left(\boldsymbol{\alpha}_1, \boldsymbol{\alpha}_2\right) = \boldsymbol{\alpha}_1^{\mathrm{T}} \boldsymbol{\alpha}_2 = \boldsymbol{\alpha}_2^{\mathrm{T}} \boldsymbol{\alpha}_1 = f\left(\boldsymbol{\alpha}_2, \boldsymbol{\alpha}_1\right)$$

因此，内积是线性空间上的二重对称线性函数。

如果 $f\left(\boldsymbol{\alpha}_{\sigma(1)}, \cdots, \boldsymbol{\alpha}_{\sigma(k)}\right) = \operatorname{sgn}\left(\sigma\right) f\left(\boldsymbol{\alpha}_1, \cdots, \boldsymbol{\alpha}_k\right)$，则称 f 是**交代**（或**交替**）的。其中，当 σ 为偶置换时，$\operatorname{sgn}\left(\sigma\right) = 1$；而当 σ 为奇置换时，$\operatorname{sgn}\left(\sigma\right) = -1$。可以验证，$\sigma$ 的奇偶性与其逆序数的奇偶性一致（留给读者去验证）。需要说明的是，二重线性函数一般称为双线性函数，当一个双线性函数 f 为交代的，我们一般称其为反对称的。也就是说，反对称是交代在二阶情况下的特例，交代是反对称在高阶情况下的推广。

对于任意一个 $n \times n$ 的矩阵 $\mathbf{A}$，其行列式是 n 维欧氏空间上的 n 重线性函数，且可以表示为如下代数形式

$$\det\left(\mathbf{A}\right) = \det\left(\begin{bmatrix} \mathbf{a}_1 & \mathbf{a}_2 & \cdots & \mathbf{a}_n \end{bmatrix}\right) = \mathcal{A} \times_1 \mathbf{a}_1 \times_2 \mathbf{a}_2 \cdots \times_n \mathbf{a}_n \tag{6.4}$$

其中 $\mathcal{A}$ 是一个 $n \times n \times \cdots \times n$ 的 n 阶张量，且其中的每一个元素为

$$a_{j_1 j_2 \cdots j_n} = \begin{cases} (-1)^{\tau(j_1 j_2 \cdots j_n)}, & \text{当 } j_1 j_2 \cdots j_n \text{ 是 } 12 \cdots n \text{ 的一个置换时} \\ 0, & \text{当 } j_1 j_2 \cdots j_n \text{ 不是 } 12 \cdots n \text{ 的一个置换时} \end{cases} \tag{6.5}$$

从 (6.4) 可以看出，任何一个 $n \times n$ 矩阵 $\mathbf{A}$ 的行列式运算，都等于一个 n 阶张量 $\mathcal{A}$ 与 $\mathbf{A}$ 的各个列向量的 n 模积，且张量 $\mathcal{A}$ 的非零元素 $a_{j_1 j_2 \cdots j_n}$ 与该元素下标 $j_1 j_2 \cdots j_n$ 的逆序数的关系为 $a_{j_1 j_2 \cdots j_n} = (-1)^{\tau(j_1 j_2 \cdots j_n)}$。

补充阅读（张量基础知识）

对于一个 N 阶张量 $\mathcal{A} \in \mathbb{R}^{I_1 \times I_2 \times \cdots \times I_N}$，其中的每一个元素记为 $a_{i_1 i_2 \cdots i_N}, i_n \in \{1, 2, \cdots, I_n\}, 1 \leqslant n \leqslant N$。这里面要注意张量的阶数和维度的概念，其中阶 (order) 又称路 (way) 或者模 (mode)。这里定义的张量 $\mathcal{A}$ 是一个 N 阶张量，它在第 $n(1 \leqslant n \leqslant N)$ 阶（路、模）的维度为 I_n。图 6.3 展示了一个 $4 \times 4 \times 4$ 的三阶张量。

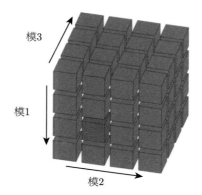

图 6.3 $4 \times 4 \times 4$ 的三阶张量示意图，其中红色方块对应的元素为 a_{321}

给定一个张量 $\mathcal{A} \in \mathbb{R}^{I_1 \times I_2 \times \cdots \times I_N}$ 与矩阵 $\mathbf{U} \in \mathbb{R}^{J \times I_n}$，可以定义张量 $\mathcal{A}$ 与矩阵 $\mathbf{U}$ 的 n 模积为 $\mathcal{A} \times_n \mathbf{U} \in \mathbb{R}^{I_1 \times \cdots \times I_{n-1} \times J \times I_{n+1} \times \cdots \times I_N}$，且其中的每一个元素为 $(\mathcal{A} \times_n \mathbf{U})_{i_1 \cdots i_{n-1} j i_{n+1} \cdots i_N} = \sum_{i_n=1}^{I_n} a_{i_1 i_2 \cdots i_N} U_{j i_n}$，$U_{j i_n}$ 代表矩阵 $\mathbf{U}$ 的第 j 行、第 i_n 列所对应的元素。

可以验证，对于 n 阶置换群 S_n 中的任何一个置换 σ，都有

$$\mathcal{A} \times_1 \mathbf{a}_{\sigma(1)} \times_2 \mathbf{a}_{\sigma(2)} \cdots \times_n \mathbf{a}_{\sigma(n)} = \mathrm{sgn}\,(\sigma)\, \mathcal{A} \times_1 \mathbf{a}_1 \times_2 \mathbf{a}_2 \cdots \times_n \mathbf{a}_n \quad (6.6)$$

这意味着 $\mathbf{A}$ 的行列式是一个以矩阵 $\mathbf{A}$ 的各个列向量为自变量的 n 重交代线性函数，或者说 $\mathbf{A}$ 的行列式是 n 维欧氏空间上的一个 n 重交代线性函数。相应地，$\mathcal{A}$ 则为一个 n 阶交代张量。比如，当 $\mathbf{A}$ 是一个二阶方阵时，相应的 $\mathcal{A}$ 为一个 2×2 的交代张量，即反对称矩阵，其表达式为

$$\mathcal{A} = \begin{bmatrix} 0 & 1 \\ -1 & 0 \end{bmatrix}$$

容易验证，$a_{12} = (-1)^{\tau(12)} = 1$，$a_{21} = (-1)^{\tau(21)} = -1$，满足公式 (6.5)。此时矩阵的行列式可以表示为

$$\det(\mathbf{A}) = \mathcal{A} \times_1 \mathbf{a}_1 \times_2 \mathbf{a}_2 = \mathbf{a}_1^{\mathrm{T}} \mathcal{A} \mathbf{a}_2$$

而当 $\mathbf{A}$ 是一个三阶方阵时, 相应的 $\mathcal{A}$ 为一个 $3 \times 3 \times 3$ 的三阶交代张量, 其各个切片分别为

$$\mathcal{A}(:,:,1) = \begin{bmatrix} 0 & 0 & 0 \\ 0 & 0 & 1 \\ 0 & -1 & 0 \end{bmatrix}, \quad \mathcal{A}(:,:,2) = \begin{bmatrix} 0 & 0 & -1 \\ 0 & 0 & 0 \\ 1 & 0 & 0 \end{bmatrix}$$

$$\mathcal{A}(:,:,3) = \begin{bmatrix} 0 & 1 & 0 \\ -1 & 0 & 0 \\ 0 & 0 & 0 \end{bmatrix}$$

容易验证, $a_{123} = (-1)^{\tau(123)} = 1$, $a_{132} = (-1)^{\tau(132)} = -1$, $a_{213} = (-1)^{\tau(213)} = -1$, $a_{231} = (-1)^{\tau(231)} = 1$, $a_{312} = (-1)^{\tau(312)} = 1$, $a_{321} = (-1)^{\tau(321)} = -1$ 均满足公式 (6.5)。

6.4 行列式的相关概念

6.4.1 叉积

向量的叉积 (又叫向量叉乘) 在物理中有着广泛的应用。力学中的力矩、角动量以及电磁学中的洛伦兹力、安培力等基本物理量都需要借助向量的叉积运算来定义。接下来我们给出三维欧氏空间中的向量叉积的几何定义。

定义 6.2 对于三维欧氏空间中的任意两个向量 $\mathbf{a}, \mathbf{b}$, 它们的**叉积** (记为 $\mathbf{a} \times \mathbf{b}$) 仍然是一个三维空间中的向量, 记 $\mathbf{c} = \mathbf{a} \times \mathbf{b}$, 则

(1) $|\mathbf{c}| = |\mathbf{a}| |\mathbf{b}| \sin(\theta)$, 其中 θ 为向量 $\mathbf{a}, \mathbf{b}$ 之间的夹角。即 $\mathbf{c}$ 的模长等于 $\mathbf{a}, \mathbf{b}$ 的模长及它们夹角 θ 的正弦值三者之积。

(2) $\mathbf{c}$ 的方向垂直于 $\mathbf{a}, \mathbf{b}$ 所在的平面, 且服从右手法则。

叉积有着明显的几何意义, 即两个三维向量的叉积得到一个新的三维向量。该向量的长度在数值上等于两个向量张成的平行四边形的面积, 而该向量的方向则垂直于两个向量所在的平面且遵从右手法则。比如在图 6.4 中, 我们用 $\mathbf{a}, \mathbf{b}, \mathbf{c}$ 分别表示三个点 A, B, C 所对应的向量。

如果 **c** 为 **a**, **b** 的叉积，即 **c** = **a** × **b**，则 **c** 的长度在数值上等于图中平行四边形的面积，**c** 的方向垂直于该平行四边形所在平面，且其指向服从右手法则，即从向量 **a** 的方向握向向量 **b** 的方向，大拇指所指的方向即为 **c** 的方向。

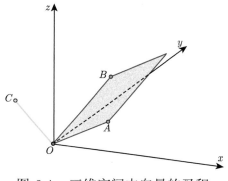

图 6.4 三维空间中向量的叉积

三维空间中 OA, OB 对应的两个向量的叉积得到的向量与 OC 对应，其中 OC 的长度等于 OA, OB 张成的平行四边形的面积，OC 的方向垂直于 OA, OB 所在的平面

可以验证，向量的叉积有以下重要性质：

(1) 反对称性

对于任意的三维向量 **a**, **b**，均有

$$\mathbf{a} \times \mathbf{b} = -\mathbf{b} \times \mathbf{a}$$

(2) 分配律

对于任意的三维向量 **a**, **b**, **c**，均有

$$\mathbf{a} \times (\mathbf{b} + \mathbf{c}) = \mathbf{a} \times \mathbf{b} + \mathbf{a} \times \mathbf{c}$$

$$(\mathbf{a} + \mathbf{b}) \times \mathbf{c} = \mathbf{a} \times \mathbf{c} + \mathbf{b} \times \mathbf{c}$$

(3) 叉积与数乘的混合运算

对于任意的三维向量 **a**, **b**，以及任意的标量 λ，均有

$$(\lambda \mathbf{a}) \times \mathbf{b} = \mathbf{a} \times (\lambda \mathbf{b}) = \lambda (\mathbf{a} \times \mathbf{b})$$

根据叉积的定义和反对称性，可以推断三维欧氏空间的标准正交基 $\mathbf{e}_1 = \begin{bmatrix} 1 & 0 & 0 \end{bmatrix}^T, \mathbf{e}_2 = \begin{bmatrix} 0 & 1 & 0 \end{bmatrix}^T, \mathbf{e}_3 = \begin{bmatrix} 0 & 0 & 1 \end{bmatrix}^T$ 满足以下关系

$$\mathbf{e}_1 \times \mathbf{e}_1 = \mathbf{e}_2 \times \mathbf{e}_2 = \mathbf{e}_3 \times \mathbf{e}_3 = 0,$$

$$\mathbf{e}_1 \times \mathbf{e}_2 = -\mathbf{e}_2 \times \mathbf{e}_1 = \mathbf{e}_3, \quad \mathbf{e}_2 \times \mathbf{e}_3 = -\mathbf{e}_3 \times \mathbf{e}_2 = \mathbf{e}_1, \quad \mathbf{e}_3 \times \mathbf{e}_1 = -\mathbf{e}_1 \times \mathbf{e}_3 = \mathbf{e}_2$$

基于叉积的以上三个重要性质，对于三维空间中的两个向量

$$\mathbf{a} = \begin{bmatrix} a_1 & a_2 & a_3 \end{bmatrix}^T, \quad \mathbf{b} = \begin{bmatrix} b_1 & b_2 & b_3 \end{bmatrix}^T$$

即 $\mathbf{a} = a_1\mathbf{e}_1 + a_2\mathbf{e}_2 + a_3\mathbf{e}_3, \mathbf{b} = b_1\mathbf{e}_1 + b_2\mathbf{e}_2 + b_3\mathbf{e}_3$，我们可以给出它们叉积的代数表达，即

$$\begin{aligned} \mathbf{a} \times \mathbf{b} &= (a_1\mathbf{e}_1 + a_2\mathbf{e}_2 + a_3\mathbf{e}_3) \times (b_1\mathbf{e}_1 + b_2\mathbf{e}_2 + b_3\mathbf{e}_3) \\ &= (a_2b_3 - a_3b_2)\mathbf{e}_1 - (a_1b_3 - a_3b_1)\mathbf{e}_2 + (a_1b_2 - a_2b_1)\mathbf{e}_3 \end{aligned} \tag{6.7}$$

即 $\mathbf{a}, \mathbf{b}$ 的叉积可以得到三维空间中一个新的向量

$$\mathbf{a} \times \mathbf{b} = \begin{bmatrix} a_2b_3 - a_3b_2 & -(a_1b_3 - a_3b_1) & a_1b_2 - a_2b_1 \end{bmatrix}^T \tag{6.8}$$

可以验证，$\mathbf{a}, \mathbf{b}$ 的叉积也可以表示为如下行列式的形式

$$\mathbf{a} \times \mathbf{b} = \begin{vmatrix} \mathbf{e}_1 & \mathbf{e}_2 & \mathbf{e}_3 \\ a_1 & a_2 & a_3 \\ b_1 & b_2 & b_3 \end{vmatrix} \tag{6.9}$$

此外，叉积也可以从线性变换的角度来解释。经过简单的推导可以得出

$$\mathbf{a} \times \mathbf{b} = \begin{bmatrix} 0 & -a_3 & a_2 \\ a_3 & 0 & -a_1 \\ -a_2 & a_1 & 0 \end{bmatrix} \begin{bmatrix} b_1 \\ b_2 \\ b_3 \end{bmatrix} = \mathbf{A}\mathbf{b}$$

$$= -\mathbf{b} \times \mathbf{a} = - \begin{bmatrix} 0 & -b_3 & b_2 \\ b_3 & 0 & -b_1 \\ -b_2 & b_1 & 0 \end{bmatrix} \begin{bmatrix} a_1 \\ a_2 \\ a_3 \end{bmatrix} = -\mathbf{B}\mathbf{a}$$

其中，矩阵 $\mathbf{A}, \mathbf{B}$ 都是由向量 $\mathbf{a}, \mathbf{b}$ 生成的同种类型的三阶反对称矩阵。我们以矩阵 $\mathbf{A}$ 为例分析一下该反对称矩阵所对应的线性变换。可以验证矩阵 $\mathbf{A}$ 的三个特征值分别为 $\lambda_1 = 0, \lambda_2 = ki, \lambda_3 = -ki$，其中，$k = \sqrt{a_1^2 + a_2^2 + a_3^2}$。并且，属于 $\lambda_1 = 0$ 的特征向量正好为 $\mathbf{u}_1 = \mathbf{a}/k = \begin{bmatrix} a_1/k & a_2/k & a_3/k \end{bmatrix}^{\mathrm{T}}$，属于 $\lambda_2 = ki, \lambda_3 = -ki$ 的特征向量 $\mathbf{u}_2, \mathbf{u}_3$ 分别为两个互为共轭的复向量，并且 $\mathbf{u}_1$ 垂直于 $\mathrm{Real}\,(\mathbf{u}_2), \mathrm{Imag}\,(\mathbf{u}_2)$ 两个实向量所在的平面。可以看出，矩阵 $\mathbf{A}$ 所对应的线性变换由两个基本的动作组成。由于第一个特征值 $\lambda_1 = 0$，因而第一个动作是在 $\mathbf{u}_1$ 方向的缩放度为 0 的缩放变换，该动作也相当于往 $\mathrm{Real}\,(\mathbf{u}_2), \mathrm{Imag}\,(\mathbf{u}_2)$ 两个向量所在平面的投影变换；由于特征值 $\lambda_2 = ki, \lambda_3 = -ki$，意味着第二个动作对应着 $90°$ 的旋转变换，且该动作发生在 $\mathrm{Real}\,(\mathbf{u}_2), \mathrm{Imag}\,(\mathbf{u}_2)$ 两个向量所张成的平面上。因此，从线性变换角度而言，向量 $\mathbf{a}, \mathbf{b}$ 的叉积可以认为是其中一个向量 (比如 $\mathbf{a}$) 生成的反对称矩阵 ($\mathbf{A}$) 对另外一个向量 ($\mathbf{b}$) 的作用。该作用由两个基本的动作构成，一个是沿 $\mathbf{a}$ 方向缩放度为 0 的压缩 (即往以 $\mathbf{a}$ 为法线方向的平面上的投影)，一个是在以 $\mathbf{a}$ 为法线方向的平面上的旋转，且旋转角度为 $90°$。

向量的叉积不仅有广泛的物理应用，而且有着清晰的几何意义，但遗憾的是，叉积运算只适用于三维空间中的向量。接下来将要介绍的楔形积不仅保留了叉积的诸多良好性质，而且也适用于高维空间中的向量。

6.4.2 楔形积

叉积之所以能够适用于三维空间中的向量，主要是因为对于三维空间中的一组标准正交基 $\mathbf{e}_1, \mathbf{e}_2, \mathbf{e}_3$，$\mathbf{e}_1 \times \mathbf{e}_2 = \mathbf{e}_3, \mathbf{e}_2 \times \mathbf{e}_3 = \mathbf{e}_1, \mathbf{e}_3 \times \mathbf{e}_1 = \mathbf{e}_2$ 这三组等式成立，即 $\mathbf{e}_2 \times \mathbf{e}_3$，$\mathbf{e}_3 \times \mathbf{e}_1$ 和 $\mathbf{e}_1 \times \mathbf{e}_2$ 可以分别与 $\mathbf{e}_1$，$\mathbf{e}_2$ 和

e_3 一一对应。而对于更高维的向量，则不存在这样的对应关系。为了让叉积的良好性质可以推广到高维，我们有必要放弃叉积的部分性质，比如上述对应关系，这样便有了楔形积的概念。接下来首先给出楔形积的定义。

定义 6.3　对于 n 维欧氏空间中标准正交基 $\mathbf{e}_1, \mathbf{e}_2, \cdots, \mathbf{e}_n$ 下的任意 m 个向量 $\mathbf{a}_1, \mathbf{a}_2, \cdots, \mathbf{a}_m$，其中 $\mathbf{a}_i = a_{i1}\mathbf{e}_1 + a_{i2}\mathbf{e}_2 + \cdots + a_{in}\mathbf{e}_n$。它们的**楔形积**定义为

$$\mathbf{a}_1 \Lambda \mathbf{a}_2 \Lambda \cdots \Lambda \mathbf{a}_m = \sum_{i_1=1}^{n}\sum_{i_2=1}^{n}\cdots\sum_{i_m=1}^{n} a_{1i_1}a_{2i_2}\cdots a_{mi_m}\mathbf{e}_{i_1}\Lambda\mathbf{e}_{i_2}\Lambda\cdots\Lambda\mathbf{e}_{i_m}$$

$$(6.10)$$

需要特别指出的是，这里 $\mathbf{e}_{i_1}\Lambda\mathbf{e}_{i_2}\Lambda\cdots\Lambda\mathbf{e}_{i_m}$ 将不与任何 n 维空间中的向量对应，而它本身就是一个全新的向量，并且有着清晰的几何意义。

对于三维空间中的任意两个向量 $\mathbf{a} = \begin{bmatrix} a_1 & a_2 & a_3 \end{bmatrix}^{\mathrm{T}}$，$\mathbf{b} = \begin{bmatrix} b_1 & b_2 & b_3 \end{bmatrix}^{\mathrm{T}}$，它们的楔形积为

$$\begin{aligned}
\mathbf{a}\Lambda\mathbf{b} &= (a_1\mathbf{e}_1 + a_2\mathbf{e}_2 + a_3\mathbf{e}_3)\,\Lambda\,(b_1\mathbf{e}_1 + b_2\mathbf{e}_2 + b_3\mathbf{e}_3)\\
&= a_1b_1\mathbf{e}_1\Lambda\mathbf{e}_1 + a_1b_2\mathbf{e}_1\Lambda\mathbf{e}_2 + a_1b_3\mathbf{e}_1\Lambda\mathbf{e}_3 + a_2b_1\mathbf{e}_2\Lambda\mathbf{e}_1\\
&\quad + a_2b_2\mathbf{e}_2\Lambda\mathbf{e}_2 + a_2b_3\mathbf{e}_2\Lambda\mathbf{e}_3 + a_3b_1\mathbf{e}_3\Lambda\mathbf{e}_1 + a_3b_2\mathbf{e}_3\Lambda\mathbf{e}_2 + a_3b_3\mathbf{e}_3\Lambda\mathbf{e}_3
\end{aligned}$$

与向量的叉积类似，我们同样要求楔形积满足反对称性，因此有

$$\mathbf{e}_1\Lambda\mathbf{e}_2 = -\mathbf{e}_2\Lambda\mathbf{e}_1, \quad \mathbf{e}_2\Lambda\mathbf{e}_3 = -\mathbf{e}_3\Lambda\mathbf{e}_2, \quad \mathbf{e}_3\Lambda\mathbf{e}_1 = -\mathbf{e}_1\Lambda\mathbf{e}_3$$

$$\mathbf{e}_1\Lambda\mathbf{e}_1 = \mathbf{e}_2\Lambda\mathbf{e}_2 = \mathbf{e}_3\Lambda\mathbf{e}_3 = 0$$

则 $\mathbf{a}\Lambda\mathbf{b}$ 可以化简为

$$\mathbf{a}\Lambda\mathbf{b} = (a_2b_3 - a_3b_2)\,\mathbf{e}_2\Lambda\mathbf{e}_3 - (a_1b_3 - a_3b_1)\,\mathbf{e}_3\Lambda\mathbf{e}_1 + (a_1b_2 - a_2b_1)\,\mathbf{e}_1\Lambda\mathbf{e}_2$$

$$(6.11)$$

可以发现，在三维空间中楔形积和叉积的唯一差别就在于：在叉积中，$\mathbf{e}_2 \times \mathbf{e}_3$，$\mathbf{e}_3 \times \mathbf{e}_1$ 和 $\mathbf{e}_1 \times \mathbf{e}_2$ 分别与 $\mathbf{e}_1$，$\mathbf{e}_2$ 和 $\mathbf{e}_3$ 一一对应，因此 $\mathbf{a} \times \mathbf{b}$ 仍然是三维空间中的一个向量，其在三个基底 $\mathbf{e}_1$，$\mathbf{e}_2$ 和 $\mathbf{e}_3$ 上的分量分别为 $(a_2 b_3 - a_3 b_2)$，$-(a_1 b_3 - a_3 b_1)$ 和 $(a_1 b_2 - a_2 b_1)$；在楔形积中，不需要将 $\mathbf{e}_2 \Lambda \mathbf{e}_3$，$\mathbf{e}_3 \Lambda \mathbf{e}_1$ 和 $\mathbf{e}_1 \Lambda \mathbf{e}_2$ 与任何向量对应，而它们本身就是一组全新的向量，有着清晰的几何意义。以 $\mathbf{e}_1 \Lambda \mathbf{e}_2$ 为例，其方向体现在 $\mathbf{e}_1$ 与 $\mathbf{e}_2$ 在楔形积中的前后顺序中，其大小则是由 $\mathbf{e}_1$ 与 $\mathbf{e}_2$ 两个单位向量张成的正方形的面积，即为 1。同样地，$\mathbf{e}_3 \Lambda \mathbf{e}_1$ 和 $\mathbf{e}_2 \Lambda \mathbf{e}_3$ 分别对应 Oxz 和 Oyz 平面上的单位正方形 (图 6.5)。

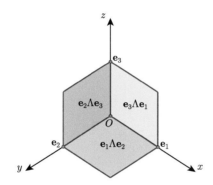

图 6.5 三维空间中标准正交基的楔形积的几何意义

若 $\mathbf{e}_1$，$\mathbf{e}_2$ 和 $\mathbf{e}_3$ 为三维欧氏空间的一组标准正交基，则 $\mathbf{e}_2 \Lambda \mathbf{e}_3, \mathbf{e}_3 \Lambda \mathbf{e}_1, \mathbf{e}_1 \Lambda \mathbf{e}_2$ 为一个新的线性空间 $(\Omega^2(\mathbb{R}^3))$ 的标准正交基

由公式 (6.11) 我们还可以看出，三维空间中任意两个向量的楔形积都可以由 $\mathbf{e}_2 \Lambda \mathbf{e}_3, \mathbf{e}_3 \Lambda \mathbf{e}_1, \mathbf{e}_1 \Lambda \mathbf{e}_2$ 这三个向量线性表出，这意味着这三个向量构成了某个线性空间的一组基底，而这个线性空间呢，我们记为 $\Omega^2(\mathbb{R}^3)$。事实上，$\Omega^2(\mathbb{R}^3)$ 就是三维欧氏空间中所有的元素两两楔形积所构成的集合，即，$\Omega^2(\mathbb{R}^3) = \{\mathbf{a} \Lambda \mathbf{b} | \mathbf{a}, \mathbf{b} \in \mathbb{R}^3\}$。读者可以验证 $\Omega^2(\mathbb{R}^3)$ 确实为线性空间。此外，明显可以看出，$\mathbf{e}_2 \Lambda \mathbf{e}_3, \mathbf{e}_3 \Lambda \mathbf{e}_1, \mathbf{e}_1 \Lambda \mathbf{e}_2$ 这三个基底对应的正方形是两两正交的，即

$$\langle \mathbf{e}_2 \Lambda \mathbf{e}_3, \mathbf{e}_3 \Lambda \mathbf{e}_1 \rangle = \langle \mathbf{e}_2 \Lambda \mathbf{e}_3, \mathbf{e}_1 \Lambda \mathbf{e}_2 \rangle = \langle \mathbf{e}_1 \Lambda \mathbf{e}_2, \mathbf{e}_3 \Lambda \mathbf{e}_1 \rangle = 0$$

因此, 我们又可以在 $\Omega^2\left(\mathbb{R}^3\right)$ 中定义内积。比如对于 $\Omega^2\left(\mathbb{R}^3\right)$ 中的两个元素 $\mathbf{a}_1\Lambda\mathbf{b}_1$ 和 $\mathbf{a}_2\Lambda\mathbf{b}_2$, 其中,

$$\mathbf{a}_1 = \begin{bmatrix} a_{11} & a_{12} & a_{13} \end{bmatrix}^{\mathrm{T}}, \quad \mathbf{b}_1 = \begin{bmatrix} b_{11} & b_{12} & b_{13} \end{bmatrix}^{\mathrm{T}}$$

$$\mathbf{a}_2 = \begin{bmatrix} a_{21} & a_{22} & a_{23} \end{bmatrix}^{\mathrm{T}}, \quad \mathbf{b}_2 = \begin{bmatrix} b_{21} & b_{22} & b_{23} \end{bmatrix}^{\mathrm{T}}$$

$\mathbf{a}_1\Lambda\mathbf{b}_1$ 和 $\mathbf{a}_2\Lambda\mathbf{b}_2$ 的内积可以定义为

$$\begin{aligned}
\left(\mathbf{a}_1\Lambda\mathbf{b}_1\right)^{\mathrm{T}}\left(\mathbf{a}_2\Lambda\mathbf{b}_2\right) = {} & \left(a_{12}b_{13} - a_{13}b_{12}\right)\left(a_{22}b_{23} - a_{23}b_{22}\right) \\
& + \left(a_{11}b_{13} - a_{13}b_{11}\right)\left(a_{21}b_{23} - a_{23}b_{21}\right) \\
& + \left(a_{11}b_{12} - a_{12}b_{11}\right)\left(a_{21}b_{22} - a_{22}b_{21}\right)
\end{aligned}$$

这样 $\Omega^2\left(\mathbb{R}^3\right)$ 同时也是一个内积空间, 而 $\mathbf{e}_2\Lambda\mathbf{e}_3, \mathbf{e}_3\Lambda\mathbf{e}_1, \mathbf{e}_1\Lambda\mathbf{e}_2$ 正是这个空间的一组标准正交基。

$\Omega^2\left(\mathbb{R}^3\right)$ 中的元素, 或者任意两个三维向量的楔形积有着明显的几何意义。比如

$$\mathbf{a}\Lambda\mathbf{b} = \left(a_2b_3 - a_3b_2\right)\mathbf{e}_2\Lambda\mathbf{e}_3 - \left(a_1b_3 - a_3b_1\right)\mathbf{e}_3\Lambda\mathbf{e}_1 + \left(a_1b_2 - a_2b_1\right)\mathbf{e}_1\Lambda\mathbf{e}_2$$

是 $\Omega^2\left(\mathbb{R}^3\right)$ 的一个向量, 该向量的长度为

$$S = \sqrt{\left(a_2b_3 - a_3b_2\right)^2 + \left(a_1b_3 - a_3b_1\right)^2 + \left(a_1b_2 - a_2b_1\right)^2}$$

而这个长度在数值上正好等于向量 $\mathbf{a}, \mathbf{b}$ 张成的平行四边形的面积。记

$$S_1 = \left|a_2b_3 - a_3b_2\right|, \quad S_2 = \left|a_1b_3 - a_3b_1\right|, \quad S_3 = \left|a_1b_2 - a_2b_1\right|$$

显然 S_1, S_2, S_3 分别对应向量 $\mathbf{a}, \mathbf{b}$ 张成的平行四边形 (图 6.6 中的灰色平行四边形) 在 Oyz, Oxz 和 Oxy 三个平面上投影的平行四边形的面积。

根据楔形积的定义, 三维空间中的任意三个向量也可以定义楔形积, 比如对于向量

$$\mathbf{a} = \begin{bmatrix} a_1 & a_2 & a_3 \end{bmatrix}^{\mathrm{T}}, \quad \mathbf{b} = \begin{bmatrix} b_1 & b_2 & b_3 \end{bmatrix}^{\mathrm{T}}, \quad \mathbf{c} = \begin{bmatrix} c_1 & c_2 & c_3 \end{bmatrix}^{\mathrm{T}}$$

它们三个的楔形积 $\mathbf{a}\wedge\mathbf{b}\wedge\mathbf{c}$ 经过化简可以表示为

$$\mathbf{a}\wedge\mathbf{b}\wedge\mathbf{c} = (a_1 b_2 c_3 - a_1 b_3 c_2 - a_2 b_1 c_3 + a_2 b_3 c_1 + a_3 b_1 c_2 - a_3 b_2 c_1)\,\mathbf{e}_1\wedge\mathbf{e}_2\wedge\mathbf{e}_3$$

$$(6.12)$$

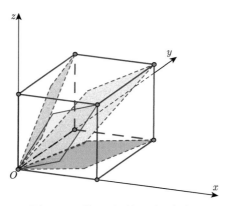

图 6.6 楔形积的几何意义

将灰色平行四边形分别投影到 Oxy, Oyz, Oxz 三个平面，分别得到 Oxy 平面上的红色平行四边形，Oyz 平面上的绿色平行四边形，Oxz 平面上的黄色平行四边形，则这三个投影后的平行四边形的面积的平方和等于灰色平行四边形的面积的平方

这意味着 $\mathbf{e}_1\wedge\mathbf{e}_2\wedge\mathbf{e}_3$ 这个向量构成了某个一维线性空间的基底，该空间记为 $\Omega^3\left(\mathbb{R}^3\right)$，可以用集合的形式表示为 $\Omega^3\left(\mathbb{R}^3\right) = \left\{\mathbf{a}\wedge\mathbf{b}\wedge\mathbf{c}|\mathbf{a},\mathbf{b},\mathbf{c}\in\mathbb{R}^3\right\}$。对于三维空间中的任意三个向量 $\mathbf{a},\mathbf{b},\mathbf{c}$，它们的楔形积 $\mathbf{a}\wedge\mathbf{b}\wedge\mathbf{c}$ 为一维线性空间 $\Omega^3\left(\mathbb{R}^3\right)$ 中的新向量，该向量的大小 (长度) 即为 $\mathbf{a},\mathbf{b},\mathbf{c}$ 张成的平行六面体的体积。值得注意的是，三维空间中任意三个向量的楔形积与任意三个向量的叉积是完全不同的，因为三个向量的楔形积为一个一维向量 (或标量)，而三个向量的叉积则是一个三维的向量。记 $\mathbf{A} = \begin{bmatrix} \mathbf{a} & \mathbf{b} & \mathbf{c} \end{bmatrix}$ 为由向量 $\mathbf{a},\mathbf{b},\mathbf{c}$ 构成的矩阵，可以验证该矩阵的行列式正好为 $\mathbf{a}\wedge\mathbf{b}\wedge\mathbf{c}$ 的系数，即

$$|\mathbf{A}| = a_1 b_2 c_3 - a_1 b_3 c_2 - a_2 b_1 c_3 + a_2 b_3 c_1 + a_3 b_1 c_2 - a_3 b_2 c_1$$

因此公式 (6.12) 可以简化为

$$\mathbf{a}\wedge\mathbf{b}\wedge\mathbf{c} = |\mathbf{A}|\,\mathbf{e}_1\wedge\mathbf{e}_2\wedge\mathbf{e}_3$$

$$(6.13)$$

　　由于欧氏空间正交基底间的楔形积本身就可以作为一个新的向量，因此我们可以把以上关于楔形积的结论推广到高维空间。比如，4 维空间中任意两个向量的楔形积构成的集合为 $\Omega^2\left(\mathbb{R}^4\right) = \left\{\mathbf{a}\wedge\mathbf{b} | \mathbf{a}, \mathbf{b} \in \mathbb{R}^4\right\}$。可以验证该集合为 6 维欧氏空间，且以下 6 个向量构成该空间的一组标准正交基：

$$\mathbf{e}_1\wedge\mathbf{e}_2, \quad \mathbf{e}_1\wedge\mathbf{e}_3, \quad \mathbf{e}_1\wedge\mathbf{e}_4, \quad \mathbf{e}_2\wedge\mathbf{e}_3, \quad \mathbf{e}_2\wedge\mathbf{e}_4, \quad \mathbf{e}_3\wedge\mathbf{e}_4$$

4 维空间中任意两个向量 $\mathbf{a}, \mathbf{b}$ 的楔形积 $\mathbf{a}\wedge\mathbf{b}$ 也有着明显的几何意义，即，$\mathbf{a}\wedge\mathbf{b}$ 是一个 6 维向量，其大小为 $\mathbf{a}, \mathbf{b}$ 两个向量张成的平行四边形的面积，而各个分量则对应着该平行四边形在 6 个基底上投影的平行四边形的面积。

　　进一步地，4 维空间中任意三个向量的楔形积也构成一个新的线性空间，该空间可以表示为 $\Omega^3\left(\mathbb{R}^4\right) = \left\{\mathbf{a}\wedge\mathbf{b}\wedge\mathbf{c} | \mathbf{a}, \mathbf{b}, \mathbf{c} \in \mathbb{R}^4\right\}$，且以下 4 个向量为 $\Omega^3\left(\mathbb{R}^4\right)$ 的一组标准正交基：

$$\mathbf{e}_1\wedge\mathbf{e}_2\wedge\mathbf{e}_3, \quad \mathbf{e}_1\wedge\mathbf{e}_2\wedge\mathbf{e}_4, \quad \mathbf{e}_1\wedge\mathbf{e}_3\wedge\mathbf{e}_4, \quad \mathbf{e}_2\wedge\mathbf{e}_3\wedge\mathbf{e}_4$$

4 维空间中任意三个向量 $\mathbf{a}, \mathbf{b}, \mathbf{c}$ 的楔形积 $\mathbf{a}\wedge\mathbf{b}\wedge\mathbf{c}$ 是一个 4 维向量，该向量的大小为 $\mathbf{a}, \mathbf{b}, \mathbf{c}$ 三个向量张成的平行六面体的体积，而各个分量则对应着该平行六面体在 4 个基底上投影的平行六面体的体积。

　　4 维空间中任意 4 个向量 $\mathbf{a}, \mathbf{b}, \mathbf{c}, \mathbf{d}$ 的楔形积构成的集合为 $\Omega^4\left(\mathbb{R}^4\right) = \left\{\mathbf{a}\wedge\mathbf{b}\wedge\mathbf{c}\wedge\mathbf{d} | \mathbf{a}, \mathbf{b}, \mathbf{c}, \mathbf{d} \in \mathbb{R}^4\right\}$，该集合是一个一维的线性空间，其单位基向量为 $\mathbf{e}_1\wedge\mathbf{e}_2\wedge\mathbf{e}_3\wedge\mathbf{e}_4$。对于 4 维空间中任意的 4 个向量 $\mathbf{a}, \mathbf{b}, \mathbf{c}, \mathbf{d}$，它们的楔形积 $\mathbf{a}\wedge\mathbf{b}\wedge\mathbf{c}\wedge\mathbf{d}$ 是一个一维向量 (或标量)，其大小为 4 个向量张成的 4 维平行多面体的体积。记 $\mathbf{A} = \begin{bmatrix} \mathbf{a} & \mathbf{b} & \mathbf{c} & \mathbf{d} \end{bmatrix}$，则与公式 (6.13) 类似有

$$\mathbf{a}\wedge\mathbf{b}\wedge\mathbf{c}\wedge\mathbf{d} = |\mathbf{A}|\,\mathbf{e}_1\wedge\mathbf{e}_2\wedge\mathbf{e}_3\wedge\mathbf{e}_4 \tag{6.14}$$

　　接下来将上述结论推广到更一般的情形，不妨把 n 维欧氏空间的任意 m 个向量 $\mathbf{a}_1, \mathbf{a}_2, \cdots, \mathbf{a}_m$ 的楔形积构成的集合定义为

$$\Omega^m\left(\mathbb{R}^n\right) = \left\{\mathbf{a}_1\wedge\mathbf{a}_2\wedge\cdots\wedge\mathbf{a}_m | \mathbf{a}_1, \mathbf{a}_2, \cdots, \mathbf{a}_m \in \mathbb{R}^n\right\}$$

其中 $\mathbf{a}_i = a_{i1}\mathbf{e}_1 + a_{i2}\mathbf{e}_2 + \cdots + a_{in}\mathbf{e}_n$。则 $\Omega^m(\mathbb{R}^n)$ 同样也是一个线性空间，考虑到楔形积的反对称性，可以得到该空间的维数为 C_n^m，且它的一组标准正交基为

$$\mathbf{e}_{i_1}\Lambda\mathbf{e}_{i_2}\Lambda\cdots\Lambda\mathbf{e}_{i_m}, \quad 1 \leqslant i_1 < \cdots < i_m \leqslant n$$

同样地，$\mathbf{a}_1, \mathbf{a}_2, \cdots, \mathbf{a}_m$ 的楔形积 $\mathbf{a}_1\Lambda\mathbf{a}_2\Lambda\cdots\Lambda\mathbf{a}_m$ 是一个 C_n^m 维的向量，该向量的大小即为 n 维空间中 $\mathbf{a}_1, \mathbf{a}_2, \cdots, \mathbf{a}_m$ 这 m 个向量张成的 m 维平行多面体的体积，而该向量在基底 $\mathbf{e}_{i_1}\Lambda\mathbf{e}_{i_2}\Lambda\cdots\Lambda\mathbf{e}_{i_m}$ 的分量则为该平行多面体在 $\mathbf{e}_{i_1}\Lambda\mathbf{e}_{i_2}\Lambda\cdots\Lambda\mathbf{e}_{i_m}$ 上投影的 m 维平行多面体的体积。

对于 n 维欧氏空间的任意 n 个向量的楔形积，我们不加证明地给出如下定理：

定理 6.1 对于 n 维欧氏空间的任意 n 个向量 $\mathbf{a}_1, \mathbf{a}_2, \cdots, \mathbf{a}_n$，它们的楔形积与矩阵 $\mathbf{A} = \begin{bmatrix} \mathbf{a}_1 & \mathbf{a}_2 & \cdots & \mathbf{a}_n \end{bmatrix}$ 的行列式之间存在如下关系：

$$\mathbf{a}_1\Lambda\mathbf{a}_2\Lambda\cdots\Lambda\mathbf{a}_n = |\mathbf{A}|\,\mathbf{e}_1\Lambda\mathbf{e}_2\Lambda\cdots\Lambda\mathbf{e}_n \tag{6.15}$$

6.4.3 混合积

三维欧氏空间中，三个向量 $\mathbf{a}, \mathbf{b}, \mathbf{c}$ 的混合积记为 $(\mathbf{a}, \mathbf{b}, \mathbf{c})$。它的定义如下

$$(\mathbf{a}, \mathbf{b}, \mathbf{c}) = \mathbf{a}^{\mathrm{T}}(\mathbf{b} \times \mathbf{c}) \tag{6.16}$$

从上式可以看出，三个三维向量的混合积结果为一个标量。分别以 $\mathbf{a}^{\mathrm{T}}, \mathbf{b}^{\mathrm{T}}, \mathbf{c}^{\mathrm{T}}$ 作为行向量，可以构造一个三阶方阵 $\mathbf{A}$，即 $\mathbf{A} = \begin{bmatrix} \mathbf{a} & \mathbf{b} & \mathbf{c} \end{bmatrix}^{\mathrm{T}}$。容易验证三个向量的混合积等于以这三个向量为行 (列) 向量的矩阵的行列式，即

$$(\mathbf{a}, \mathbf{b}, \mathbf{c}) = \det(\mathbf{A}) \tag{6.17}$$

因此，三个向量的混合积在几何上就是三个向量张成的平行六面体的体积，如图 6.7 所示。

事实上，我们可以把三维空间中的混合积推广到一般情形。假设 $\mathbf{A} = \begin{bmatrix} \mathbf{a}_1 & \mathbf{a}_2 & \cdots & \mathbf{a}_n \end{bmatrix}$ 是一个 $n \times n(n \geqslant 3)$ 的方阵，则 $\mathbf{A}$ 的行列式可

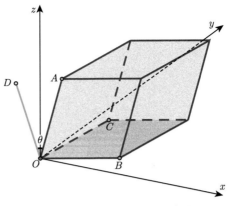

图 6.7　三维空间的混合积

三维空间中，混合积的几何意义就是平行六面体的体积，且这个体积可以表示为两个子平行多面体的内积。比如本图中，OA 为平行六面体的一条边，它可以认为是该平行六面体的一维子平行多面体；OB 和 OC 张成的平行四边形可以认为是该平行六面体的二维子平行多面体，该平行四边形的方向是其法线方向 (OD 所在的直线方向)。此外，该平行四边形的面积大小则等于线段 OD 的长度，即 OD 所对应的向量为 OB 和 OC 所对应向量的叉积。则 OA, OB 和 OC 所对应的三个向量的混合积就等于图中平行六面体的体积，且该体积等于 OA 和 OD 所对应的两个向量的内积

以表示为如下公式

$$|\mathbf{A}| = \mathrm{sgn}\,(\sigma) \left(\mathbf{a}_{\sigma(1)}\Lambda\mathbf{a}_{\sigma(2)}\Lambda\cdots\Lambda\mathbf{a}_{\sigma(s)}\right)^{\mathrm{T}} \left(\mathbf{a}_{\sigma(s+1)}\Lambda\mathbf{a}_{\sigma(s+2)}\Lambda\cdots\Lambda\mathbf{a}_{\sigma(n)}\right)$$
$$(6.18)$$

其中 $1 \leqslant s \leqslant n$, $\sigma \in S_n$ 为一个 n 元置换。

　　我们知道，对于任意一个 n 维欧氏空间中的 n 维平行多面体，我们都可以把它分为互补的两个子平行多面体，其中一部分子平行多面体由 $\mathbf{a}_{i_1}, \mathbf{a}_{i_2}, \cdots, \mathbf{a}_{i_s}$ 这 s 个向量张成，另一部分子单形体则由剩余的 $\mathbf{a}_{i_{s+1}}, \mathbf{a}_{i_{s+2}}, \cdots, \mathbf{a}_{i_n}$ 这 $(n-s)$ 个向量张成。公式 (6.18) 的左边 $|\mathbf{A}|$ 的大小为 n 维欧氏空间中 n 个向量 $\mathbf{a}_1, \mathbf{a}_2, \cdots, \mathbf{a}_n$ 张成的 n 维平行多面体的体积。公式的右边分为两项，其中 $\mathbf{a}_{i_1}\Lambda\mathbf{a}_{i_2}\Lambda\cdots\Lambda\mathbf{a}_{i_s}$ 是 $\Omega^s\,(\mathbb{R}^n)$ 空间中的一个向量，它的大小等于 $\mathbf{a}_{i_1}, \mathbf{a}_{i_2}, \cdots, \mathbf{a}_{i_s}$ 这 s 个向量张成的

s 维平行多面体的体积。同样地，$\mathbf{a}_{i_{s+1}}\Lambda\mathbf{a}_{i_{s+2}}\Lambda\cdots\Lambda\mathbf{a}_{i_n}$ 是 $\Omega^{n-s}(\mathbb{R}^n)$ 空间中的一个向量，它的大小等于 $\mathbf{a}_{i_{s+1}}, \mathbf{a}_{i_{s+2}}, \cdots, \mathbf{a}_{i_n}$ 这 $(n-s)$ 个向量张成的 $(n-s)$ 维平行多面体的体积。由于 $\Omega^s(\mathbb{R}^n)$ 是 C_n^s 维线性空间，$\Omega^{n-s}(\mathbb{R}^n)$ 是 C_n^{n-s} 维线性空间，显然 $C_n^s = C_n^{n-s}$，即两个线性空间具有相同的维度。因此，这两个空间可以等效为同一个线性空间，它们中的向量可以进行内积运算，而公式 (6.18) 告诉我们，它们内积 $(\mathbf{a}_{i_1}\Lambda\mathbf{a}_{i_2}\Lambda\cdots\Lambda\mathbf{a}_{i_s})^{\mathrm{T}}(\mathbf{a}_{i_{s+1}}\Lambda\mathbf{a}_{i_{s+2}}\Lambda\cdots\Lambda\mathbf{a}_{i_n})$ 的大小正好就是所有这 n 个向量 $\mathbf{a}_1, \mathbf{a}_2, \cdots, \mathbf{a}_n$ 张成的 n 维平行多面体的体积。简单地说，n 维欧氏空间中的 n 维平行多面体的有向体积等于其互补的两个子单形体的内积。三维空间中三个向量的混合积可以认为是公式 (6.18) 在三维空间情形下的特例。

6.5　小　　结

至此，本章的内容总结为以下 4 条：

(1) 几何上，一个矩阵的行列式的大小等于该矩阵的各个列 (行) 向量张成的平行多面体的体积。

(2) 代数上，矩阵的行列式是一个重交代线性函数。

(3) 叉积只适用于三维向量，楔形积可以适用于任意维度的向量。它们的几何意义均与平行多面体的体积相关。

(4) 混合积的几何意义也是平行多面体的体积，且该体积可以表示为该平行多面体的两个互补的子平行多面体的内积。

第 7 章 矩 阵 李 群

一个矩阵对应一个线性变换，该线性变换可能对应着反射、缩放、旋转、剪切等基本的线性动作或者这些基本线性动作的复合。多个矩阵则是多个线性变换或者多个动作的集合。而动作的集合不仅可以用于描述运动，还可以用于描述一些基本的代数、几何甚至物理结构。

7.1　群

对称在自然界中无处不在，比如图 7.1 中的正方形就具有一定的对称性。那么如何描述这种对称性呢？首先明显可以看出，正方形有 4 个对称轴，分别为红色水平轴、紫色垂直轴以及两个蓝色的对角线轴。关于这 4 个对称轴做镜面反射正方形保持不变。另外，将正方形逆时针旋转 $0°$，$90°$，$180°$，$270°$，正方形也保持不变。因此，如果将保持被操作对象不变的操作称为该对象的一个对称操作，那么一个对象的对称性就可以用该对象的对称操作的集合来表示。显然，正方形具有 8 个对称操作，这些操作分别可以用矩阵表示为

$$\mathbf{I} = \begin{bmatrix} 1 & 0 \\ 0 & 1 \end{bmatrix}, \quad \mathbf{Q}_1 = \begin{bmatrix} 0 & -1 \\ 1 & 0 \end{bmatrix}$$

$$\mathbf{Q}_2 = \begin{bmatrix} -1 & 0 \\ 0 & -1 \end{bmatrix}, \quad \mathbf{Q}_3 = \begin{bmatrix} 0 & 1 \\ -1 & 0 \end{bmatrix}$$

$$\mathbf{R}_1 = \begin{bmatrix} 1 & 0 \\ 0 & -1 \end{bmatrix}, \quad \mathbf{R}_2 = \begin{bmatrix} -1 & 0 \\ 0 & 1 \end{bmatrix}$$

$$\mathbf{R}_3 = \begin{bmatrix} 0 & 1 \\ 1 & 0 \end{bmatrix}, \quad \mathbf{R}_4 = \begin{bmatrix} 0 & -1 \\ -1 & 0 \end{bmatrix}$$

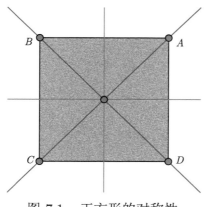

图 7.1 正方形的对称性

正方形有 8 个对称操作，分别为 4 个关于对称轴的镜像操作和 4 个角度 $(0°,90°,180°,270°)$ 的旋转操作

其中，单位矩阵 $\mathbf{I}$ 对应角度为 $0°$ 的旋转操作，即恒等变换；$\mathbf{Q}_1, \mathbf{Q}_2, \mathbf{Q}_3$ 分别对应角度为 $90°$，$180°$，$270°$ 的逆时针旋转变换；$\mathbf{R}_1, \mathbf{R}_2, \mathbf{R}_3, \mathbf{R}_4$ 则分别对应关于 4 个对称轴的镜面反射。有趣的是，这 8 个矩阵构成的集合关于矩阵乘法正好构成一个群。一定程度上，群的概念正是源于自然界中的对称性。

下面给出群的相关定义。

定义 7.1 一个非空集合 G 上定义了一个二元运算 "$*$"，满足

(1) 封闭性：对于 G 中任意的元素 g_1, g_2，总有 $g_1 * g_2 \in G$；

(2) 结合律：对于 G 中任意的元素 g_1, g_2, g_3，都有

$$g_1 * (g_2 * g_3) = (g_1 * g_2) * g_3$$

(3) 单位元的存在性：对于 G 中任意的元素 g，总存在一个元素 $e \in G$，使得 $g * e = e * g = g$；

(4) 逆元的存在性：对于 G 中任意的元素 g，总存在一个元素 $h \in G$，使得 $g * h = h * g = e$，

则称 $(G, *)$ 为一个**群**。在不引起歧义的情况下，$(G, *)$ 也可以简称为 G。此外，为了方便起见，群乘积符号 $*$ 也可以省略，即 $g_1 * g_2$ 可以记为 $g_1 g_2$。

定义 7.2   若群的运算满足交换律，即对于任意的 $g, h \in G$，都有 $gh = hg$，则称群 G 为**阿贝尔群**，也叫**交换群**。

定义 7.3   一个群 G 的子集 H，如果满足下列条件：

(1) 单位元的存在性：H 包含 G 的单位元；

(2) 逆元的存在性：如果 $h \in H$，则 $h^{-1} \in H$；

(3) 封闭性：如果 $h_1, h_2 \in H$，则 $h_1 h_2 \in H$，

则称 H 为 G 的**子群**。

任意一个群 G，必然至少包含两个子群，其中一个子群仅包含单位元 $\{e\}$，另一个子群就是 G 本身。这两个子群叫群 G 的平凡子群，而群的其他子群则为群 G 的非平凡子群。

定义 7.4   若 H 是 G 的子群，如果对任意 $g \in G$，都有 $gH = Hg$，则称 H 为 G 的**正规子群**。正规子群也称**不变子群**。

其中，$gH = \{gh \mid h \in H\}$ 称为子群 H 的一个**左陪集**，$Hg = \{hg \mid h \in H\}$ 称为子群 H 的一个**右陪集**。

容易验证，任意一个群 G 的两个平凡子群同时也是其正规子群。若 G 是阿贝尔群，则其所有的子群均为正规子群。

引理 7.1   对于一个群 G 的任意一个元素 g，都有 $gG = G$。

证明   假设 $gG = G_1$，下面证明 $G_1 = G$。

(1) 证明 $G \subset G_1$。对于任意的 $h \in G$，必然有 $g^{-1}h \in G$，因此有

$$g\left(g^{-1}h\right) \in gG = G_1$$

即 $h \in G_1$。

(2) 证明 $G_1 \subset G$。对于任意的 $y \in G_1$，必然存在 $h \in G$，使得 $y = gh$，而 $gh \in G$，因此 $y \in G$。   □

注   引理 7.1 表明，一个群 G 在其中任意元素的作用下都保持不变，这说明群是一个具有对称性的代数结构，而且 G 正好由所有保持其不变 $(gG = G)$ 的元素 g 构成。

可以验证，当以矩阵乘法作为元素的二元运算时，上面使得正方形不变的操作的集合 $G = \{\mathbf{I}, \mathbf{Q}_1, \mathbf{Q}_2, \mathbf{Q}_3, \mathbf{R}_1, \mathbf{R}_2, \mathbf{R}_3, \mathbf{R}_4\}$ 构成群，并且该群

有 8 个子群, 分别为 $G_1 = \{\mathbf{I}\}$, $G_2 = \{\mathbf{I}, \mathbf{Q}_2\}$, $G_3 = \{\mathbf{I}, \mathbf{Q}_1, \mathbf{Q}_2, \mathbf{Q}_3\}$, $G_4 = \{\mathbf{I}, \mathbf{R}_1\}$, $G_5 = \{\mathbf{I}, \mathbf{R}_2\}$, $G_6 = \{\mathbf{I}, \mathbf{R}_3\}$, $G_7 = \{\mathbf{I}, \mathbf{R}_4\}$, $G_8 = G = \{\mathbf{I}, \mathbf{Q}_1, \mathbf{Q}_2,$ $\mathbf{Q}_3, \mathbf{R}_1, \mathbf{R}_2, \mathbf{R}_3, \mathbf{R}_4\}$。其中 G_1 只包含群 G 的单位元, 是 G 的最小子群; G_2, G_3 为 G 的两个旋转子群; G_4, G_5, G_6, G_7 则分别为 G 的 4 个镜面反射子群; G_8 则为 G 本身, 是 G 的最大子群。此外, G_2, G_3 均为 G 的非平凡正规子群。

下面给出几个常见的矩阵群的例子。

例 7.1　一般线性群

对于任意一个正整数 n, 所有 $n \times n$ 可逆实矩阵的集合在矩阵乘法操作下构成一个群, 称为一般线性群, 记为 $\mathrm{GL}(n; \mathbb{R})$。对于该群, 我们简单检查一下它的 4 条性质:

(封闭性)　既然 $(\mathbf{AB})^{-1} = \mathbf{B}^{-1}\mathbf{A}^{-1}$, 则任意两个可逆矩阵的乘积仍可逆。

(结合律)　$\mathbf{A}(\mathbf{BC}) = (\mathbf{AB})\mathbf{C}$, 矩阵乘积满足结合律。

(单位元的存在性)　单位矩阵 $\mathbf{I}$ 即为该群的单位元。

(逆元的存在性)　可逆矩阵的逆元显然存在。

注　$\mathrm{GL}(1; \mathbb{R})$ 即为所有的非零实数构成的群, 也叫非零实数群, 记为 $\mathbb{R}^*$。

注　从线性变换角度而言, 一般线性群包含了所有的可逆线性变换。需要说明的是, 也可以类似给出复数域上一般线性群的定义, 即所有 $n \times n$ 可逆复矩阵的集合在矩阵乘法操作下构成一个群, 称为复数域上的一般线性群, 记为 $\mathrm{GL}(n; \mathbb{C})$。

例 7.2　特殊线性群

所有行列式为 1 的 $n \times n$ 可逆实矩阵的集合显然是 $\mathrm{GL}(n; \mathbb{R})$ 的一个子群, 该群称为特殊线性群, 记为 $\mathrm{SL}(n; \mathbb{R})$。由于结合律继承 $\mathrm{GL}(n; \mathbb{R})$, 因此仅需检查封闭性、单位元的存在性和逆元的存在性。

(封闭性)　由于 $|\mathbf{AB}| = |\mathbf{A}||\mathbf{B}|$, 则任意两个行列式为 1 的矩阵的乘积行列式仍为 1。

(单位元的存在性)　由于 $|\mathbf{I}| = 1$, 因此一般线性群的单位元也是特

殊线性群的单位元。

(逆元的存在性) 如果 $|\mathbf{A}| = 1$，则 $|\mathbf{A}^{-1}| = 1/|\mathbf{A}| = 1$，即一个行列式为 1 的矩阵，它的逆的行列式仍然为 1。

注 从线性变换的角度，特殊线性群包含了所有可逆的整体缩放度不变的线性变换。特殊线性群是一般线性群的子群。进一步地，由 $|\mathbf{S}^{-1}\mathbf{A}\mathbf{S}| = |\mathbf{A}|$，可知特殊线性群是一般线性群的正规子群。

例 7.3 正交群和特殊正交群

所有的 $n \times n$ 实正交矩阵构成的集合，称为正交群，记为 $\mathrm{O}(n)$。所有行列式为 1 的 $n \times n$ 实正交矩阵构成的集合，称为特殊正交群，记为 $\mathrm{SO}(n)$。下面验证 $\mathrm{O}(n)$ 构成群。由于 $\mathrm{O}(n)$ 是 $\mathrm{GL}(n;\mathbb{R})$ 的子集，根据定义 7.3，仅需验证以下三条性质成立：

(封闭性) 任意的两个正交矩阵 $\mathbf{U}_1, \mathbf{U}_2 \in \mathrm{O}(n)$，它们的乘积仍然为正交矩阵，即 $(\mathbf{U}_1\mathbf{U}_2)^{\mathrm{T}}\mathbf{U}_1\mathbf{U}_2 = \mathbf{U}_2^{\mathrm{T}}\mathbf{U}_1^{\mathrm{T}}\mathbf{U}_1\mathbf{U}_2 = \mathbf{I}$。

(单位元的存在性) 单位阵 $\mathbf{I}$ 显然也是正交矩阵。

(逆元的存在性) 对于任意的正交矩阵 $\mathbf{U} \in \mathrm{O}(n)$，它的逆仍然为正交矩阵，即 $\mathbf{U}^{-1}(\mathbf{U}^{-1})^{\mathrm{T}} = \mathbf{U}^{\mathrm{T}}(\mathbf{U}^{\mathrm{T}})^{\mathrm{T}} = \mathbf{U}^{\mathrm{T}}\mathbf{U} = \mathbf{I}$。

注 从线性变换角度，正交群包含了所有的等距线性变换，而特殊正交群包含了所有的刚体线性变换。或者说，正交群包含了旋转和镜面反射，而特殊正交群只包含了旋转。正交群是一般线性群的子群。特殊正交群是正交群的子群，同时也是特殊线性群的子群。当 $n = 2$ 时，$\mathrm{SO}(2)$ 中的所有元素都具有如下形式

$$\mathbf{Q}(\theta) = \left[\begin{array}{cc} \cos(\theta) & -\sin(\theta) \\ \sin(\theta) & \cos(\theta) \end{array}\right]$$

其中 θ 可取任意实数，代表该矩阵逆时针旋转的角度。

例 7.4 循环移位群

所有 n 阶循环移位矩阵的任意次幂构成的集合构成群，记为 $\mathrm{CS}(n) = \{\mathbf{Q}_n^x \mid x \in \mathbb{R}, n \in 2\mathbb{Z} + 1\}$，其中 $\mathbb{Z}$ 为整数集，$2\mathbb{Z} + 1$ 为所有的奇数构成

的集合，

$$\mathbf{Q}_n = \begin{bmatrix} 0 & 1 & 0 & \cdots & 0 \\ \vdots & \ddots & \ddots & \ddots & \vdots \\ \vdots & \ddots & \ddots & \ddots & 0 \\ 0 & \ddots & \ddots & \ddots & 1 \\ 1 & 0 & \cdots & \cdots & 0 \end{bmatrix}$$

为一个 $n \times n$ 的循环移位矩阵。由于只有 n 为奇数时，循环移位矩阵 $\mathbf{Q}_n$ 才可以开任意次方，因此这里要求 n 为奇数。鉴于循环移位矩阵必为正交矩阵继而必然为可逆矩阵，因此结合律可继承一般线性群。根据定义 7.3，下面检查一下该群的封闭性、单位元的存在性和逆元的存在性。

(封闭性) 由于 $\mathbf{Q}^x \mathbf{Q}^y = \mathbf{Q}^{x+y}$，因此封闭性自然成立。

(单位元的存在性) $\mathbf{Q}^0 = \mathbf{I}$ 为 $\mathrm{CS}(n)$ 的单位元。

(逆元的存在性) 由于 $(\mathbf{Q}^x)^{-1} = \mathbf{Q}^{-x}$，因此 $\mathbf{Q}^x$ 的逆元为 $\mathbf{Q}^{-x}$。

循环移位群是正交群的阿贝尔子群。此外，可以验证，循环移位群是一个单参数群。

补充阅读 (单参数群)

定义 7.5 一个满足如下条件的函数 $A : \mathbb{R} \to \mathrm{GL}(n; \mathbb{R})$ 称为**单参数群**，

(1) A 是连续的；

(2) $A(0) = \mathbf{I}$；

(3) $A(t + s) = A(t)A(s), \forall s, t \in \mathbb{R}$。

例 7.5 双向循环移位群

集合 $\mathrm{CS}(m, n) = \{\mathbf{Q}_n^x \otimes \mathbf{Q}_m^y \mid x, y \in \mathbb{R}, m, n \in 2\mathbb{Z} + 1\}$ 构成一个群，称之为双向循环移位群。其中 $\mathbf{Q}_m, \mathbf{Q}_n$ 分别是大小为 $m \times m$ 和 $n \times n$ 的循环移位矩阵，且 m, n 均为奇数，$\otimes$ 代表克罗内克积。可以看出，循环移位群是双向循环移位群的特例。同样地，下面我们检查一下该群的封闭性、单位元的存在性和逆元的存在性。

(封闭性)　由于 $\left(\mathbf{Q}_n^{x_1} \otimes \mathbf{Q}_m^{y_1}\right)\left(\mathbf{Q}_n^{x_2} \otimes \mathbf{Q}_m^{y_2}\right) = \mathbf{Q}_n^{x_1+x_2} \otimes \mathbf{Q}_m^{y_1+y_2}$，因此封闭性成立。

(单位元的存在性)　$\mathbf{Q}_n^0 \otimes \mathbf{Q}_m^0 = \mathbf{I}_n \otimes \mathbf{I}_m$ 为 $\mathrm{CS}(m,n)$ 的单位元，其中 $\mathbf{I}_n$ 和 $\mathbf{I}_m$ 分别是大小为 $n \times n$ 和 $m \times m$ 的单位矩阵。

(逆元的存在性)　由于 $\left(\mathbf{Q}_n^x \otimes \mathbf{Q}_m^y\right)^{-1} = \mathbf{Q}_n^{-x} \otimes \mathbf{Q}_m^{-y}$，因此 $\mathbf{Q}_n^x \otimes \mathbf{Q}_m^y$ 的逆元为 $\mathbf{Q}_n^{-x} \otimes \mathbf{Q}_m^{-y}$。

值得注意的是，双向循环移位群有两个特殊的单参数子群，分别为

$$\mathrm{CS1}\,(m,n) = \left\{\mathbf{I}_n \otimes \mathbf{Q}_m^y \,\middle|\, y \in \mathbb{R}, m,n \in 2\mathbb{Z}+1\right\}$$

$$\mathrm{CS2}\,(m,n) = \left\{\mathbf{Q}_n^x \otimes \mathbf{I}_m \,\middle|\, x \in \mathbb{R}, m,n \in 2\mathbb{Z}+1\right\}$$

其中 $\mathbf{I}_n, \mathbf{I}_m$ 分别为相应阶数的单位阵。这两个子群有明显的物理意义，即它们中的元素都保持了一个方向不变，而只在另外一个方向循环移位。

补充阅读 (克罗内克积)

克罗内克积是两个任意大小的矩阵之间的一种乘积运算。若有矩阵 $\mathbf{A} \in \mathbb{R}^{I \times J}$ 与矩阵 $\mathbf{B} \in \mathbb{R}^{K \times L}$，则它们的克罗内克积结果为 $\mathbf{A} \otimes \mathbf{B} \in \mathbb{R}^{IK \times JL}$，且

$$\mathbf{A} \otimes \mathbf{B} = \begin{bmatrix} a_{11}\mathbf{B} & \cdots & a_{1J}\mathbf{B} \\ \vdots & \ddots & \vdots \\ a_{I1}\mathbf{B} & \cdots & a_{IJ}\mathbf{B} \end{bmatrix}$$

接下来的一节，我们对置换群展开专门的讨论。

7.2　置　换　群

定义 7.6　集合 $\{1, 2, \cdots, n\}$ 上所有的一一到上的映射构成的集合在复合运算下构成一个群，该群称之为**置换群**，记为 S_n。

可以验证 S_n 是个离散群 (留给读者验证)，它包含了 $n!$ 个元素。假设 σ 是 S_n 中的一个元素，它将 $1, 2, \cdots, n$ 变换为 $i_1, i_2, \cdots, i_n$，则 σ

可以表示为

$$\sigma = \begin{bmatrix} 1 & 2 & \cdots & n \\ i_1 & i_2 & \cdots & i_n \end{bmatrix}$$

当 $n = 3$ 时, S_n 包含 6 个元素, 分别为

$$\sigma_1 = \begin{bmatrix} 1 & 2 & 3 \\ 1 & 2 & 3 \end{bmatrix}, \quad \sigma_2 = \begin{bmatrix} 1 & 2 & 3 \\ 1 & 3 & 2 \end{bmatrix}, \quad \sigma_3 = \begin{bmatrix} 1 & 2 & 3 \\ 3 & 2 & 1 \end{bmatrix}$$

$$\sigma_4 = \begin{bmatrix} 1 & 2 & 3 \\ 2 & 1 & 3 \end{bmatrix}, \quad \sigma_5 = \begin{bmatrix} 1 & 2 & 3 \\ 2 & 3 & 1 \end{bmatrix}, \quad \sigma_6 = \begin{bmatrix} 1 & 2 & 3 \\ 3 & 1 & 2 \end{bmatrix}$$

其中 σ_1 为单位元, 代表恒等映射; σ_2 代表第二个元素和第三个元素的置换; σ_3 代表第一个元素和第三个元素的置换; σ_4 代表第一个元素和第二个元素的置换; σ_5 和 σ_6 则分别代表三个元素在两个方向的循环移位。容易看出 S_3 包含了 6 个子群, 分别为 $G_1 = \{\sigma_1\}$, $G_2 = \{\sigma_1, \sigma_2\}$, $G_3 = \{\sigma_1, \sigma_3\}$, $G_4 = \{\sigma_1, \sigma_4\}$, $G_5 = \{\sigma_1, \sigma_5, \sigma_6\}$, $G_6 = S_3 = \{\sigma_1, \sigma_2, \sigma_3, \sigma_4, \sigma_5, \sigma_6\}$。其中 G_5 是 S_3 的非平凡正规子群。

也可以用矩阵来表示以上各个置换群中的元素, 相应的矩阵分别为

$$\mathbf{I} = \begin{bmatrix} 1 & 0 & 0 \\ 0 & 1 & 0 \\ 0 & 0 & 1 \end{bmatrix}, \quad \mathbf{R}_1 = \begin{bmatrix} 1 & 0 & 0 \\ 0 & 0 & 1 \\ 0 & 1 & 0 \end{bmatrix}, \quad \mathbf{R}_2 = \begin{bmatrix} 0 & 0 & 1 \\ 0 & 1 & 0 \\ 1 & 0 & 0 \end{bmatrix}$$

$$\mathbf{R}_3 = \begin{bmatrix} 0 & 1 & 0 \\ 1 & 0 & 0 \\ 0 & 0 & 1 \end{bmatrix}, \quad \mathbf{Q}_1 = \begin{bmatrix} 0 & 1 & 0 \\ 0 & 0 & 1 \\ 1 & 0 & 0 \end{bmatrix}, \quad \mathbf{Q}_2 = \begin{bmatrix} 0 & 0 & 1 \\ 1 & 0 & 0 \\ 0 & 1 & 0 \end{bmatrix}$$

可以看出, 置换矩阵均为正交阵, 因此置换群是正交群的子群。

值得注意的是, 置换群可以反映单形体内各个点的重心坐标的对称性。以图 7.2 所示的三角形为例, 假设 P_1 的重心坐标为 (p_{1A}, p_{1B}, p_{1C}), 如果将三阶置换群中各个元素作用于该重心坐标, 则可以得到如下 6

个坐标：(p_{1A}, p_{1B}, p_{1C}), (p_{1A}, p_{1C}, p_{1B}), (p_{1C}, p_{1B}, p_{1A}), (p_{1B}, p_{1A}, p_{1C}), (p_{1B}, p_{1C}, p_{1A}), (p_{1C}, p_{1A}, p_{1B})。

其中，将恒等操作 σ_1 作用于 (p_{1A}, p_{1B}, p_{1C})，仍然得到 (p_{1A}, p_{1B}, p_{1C})，对应 P_1 的重心坐标。将 σ_2 作用于 (p_{1A}, p_{1B}, p_{1C})，可得到 (p_{1A}, p_{1C}, p_{1B})，对应 P_4 的重心坐标。将 σ_3 作用于 (p_{1A}, p_{1B}, p_{1C})，可得到 (p_{1C}, p_{1B}, p_{1A})，对应 P_6 的重心坐标。将 σ_4 作用于 (p_{1A}, p_{1B}, p_{1C})，可得到 (p_{1B}, p_{1A}, p_{1C})，对应 P_2 的重心坐标。将 σ_5 作用于 (p_{1A}, p_{1B}, p_{1C})，可得到 (p_{1B}, p_{1C}, p_{1A})，对应 P_3 的重心坐标。将 σ_6 作用于 (p_{1A}, p_{1B}, p_{1C})，可得到 (p_{1C}, p_{1A}, p_{1B})，对应 P_5 的重心坐标。此外，将三阶置换群中的任意元素作用于这 6 个点的重心坐标，也会得到这 6 个点中某个点的重心坐标。因此，$P_1, P_2, \cdots, P_6$ 这 6 个点的重心坐标对应一个三阶置换群，或者直接说这 6 个点构成三阶置换群。其中 P_1, P_3, P_5 三个点构成该群的子群，该子群是正规子群同时也是阿贝尔子群。

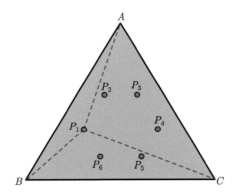

图 7.2　三角形内，点的重心坐标的对称性可以由三阶置换群描述

补充阅读 (单形体内各个点的重心坐标)

单形体内各个点的重心坐标可由体积公式给出。以二维单形体即三角形为例进行说明。在图 7.2 所示的三角形内，点 P_1 的重心坐标 $\tilde{P}_1 = (p_{1A}, p_{1B}, p_{1C})$ 的各个分量可以由如下公式给出，

$$p_{1A} = \frac{S_{P_1BC}}{S_{ABC}}, \quad p_{1B} = \frac{S_{P_1AC}}{S_{ABC}}, \quad p_{1C} = \frac{S_{P_1AB}}{S_{ABC}}$$

其中，S_{ABC}，S_{P_1BC}，S_{P_1AC}，S_{P_1AB} 分别为 $\triangle ABC$，$\triangle P_1BC$，$\triangle P_1AC$，$\triangle P_1AB$ 的面积。特别地，三角形三个顶点 A, B, C 的重心坐标分别为 $(1, 0, 0)$，$(0, 1, 0)$ 和 $(0, 0, 1)$。

7.3 矩 阵 李 群

相对于正方形而言，图 7.3 中的圆具有更强的对称性。首先，任意一条过原点的直线均可以作为圆的对称轴，即圆关于任意过原点的直线做镜面反射保持不变。此外，圆经过任意角度的旋转也保持不变。描述这种具有连续对称性的图形，仅仅用群或者矩阵群的概念是不够的，很多时候还需要引入李群或矩阵李群的概念。事实上，圆的所有对称操作的集合为正交群 O (2)，即所有的 2×2 正交矩阵的集合。O (2) 不仅仅是个矩阵群，而且是矩阵李群。下面给出矩阵李群的定义。

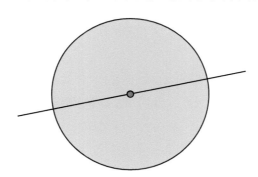

图 7.3　圆的对称性

圆形有无穷多个对称操作，分别为关于任意对称轴的镜像操作和

任意角度的旋转操作

定义 7.7　任何一个一般线性群 GL $(n; \mathbb{R})$ 的子群 H，如果满足如下性质：对于 H 中的任意一个收敛于矩阵 $\mathbf{A}$ 的矩阵序列 $\mathbf{A}_n$，要么 $\mathbf{A} \in H$，要么 $\mathbf{A}$ 不可逆，则 H 为一个**矩阵李群**。

注　定义 7.7 相当于说，矩阵李群为一般线性群的封闭子群。

下面给出几个常用的矩阵李群的例子。

例 7.6　一般线性群 GL $(n; \mathbb{R})$ 为矩阵李群。

对于该群中的任意一个收敛于矩阵 $\mathbf{A}$ 的矩阵序列 $\{\mathbf{A}_n\}$, 由于 $\mathbf{A}_n \in$ GL $(n; \mathbb{R})$ 均为实矩阵, 所以 $\mathbf{A}$ 必然为实矩阵。所以矩阵 $\mathbf{A}$ 要么可逆, 要么不可逆, 无论哪种情况发生, GL $(n; \mathbb{R})$ 均满足矩阵李群的定义。

例 7.7 特殊线性群 SL $(n, \mathbb{R})$ 为矩阵李群。

假设 SL $(n, \mathbb{R})$ 中的矩阵序列 $\{\mathbf{A}_n\}$ 收敛于矩阵 $\mathbf{A}$, 即 $\lim\limits_{n\to\infty} \mathbf{A}_n = \mathbf{A}$。由于行列式运算的连续性, 则有 $\lim\limits_{n\to\infty} |\mathbf{A}_n| = \left|\lim\limits_{n\to\infty} \mathbf{A}_n\right| = |\mathbf{A}|$。又因为 $|\mathbf{A}_n|$ 的行列式恒为 1, 所以 $|\mathbf{A}| = 1$, 因此 $\mathbf{A} \in$ SL $(n, \mathbb{R})$, 即 SL $(n, \mathbb{R})$ 为矩阵李群。

例 7.8 正交群 O (n) 和特殊正交群 SO (n) 均为矩阵李群。

假设 $\{\mathbf{A}_n\}$ 为 O (n) 中收敛于矩阵 $\mathbf{A}$ 的矩阵序列, 即 $\lim\limits_{n\to\infty} \mathbf{A}_n = \mathbf{A}$。由于 $\lim\limits_{n\to\infty} \mathbf{A}_n^{\mathrm{T}} \mathbf{A}_n = \lim\limits_{n\to\infty} \mathbf{A}_n^{\mathrm{T}} \lim\limits_{n\to\infty} \mathbf{A}_n = \mathbf{A}^{\mathrm{T}}\mathbf{A}$, 且 $\mathbf{A}_n^{\mathrm{T}}\mathbf{A}_n = \mathbf{I}$ 恒成立, 则必有 $\mathbf{A}^{\mathrm{T}}\mathbf{A} = \mathbf{I}$, 即 $\mathbf{A} \in$ O (n)。因此, 正交群 O (n) 为矩阵李群。同样地, 由于极限操作不改变矩阵的正交性和行列式为 1 的性质, SO (n) 也为矩阵李群。

例 7.9 循环移位群 CS $(n) = \{\mathbf{Q}_n^x | x \in \mathbb{R}, n \in 2\mathbb{Z}+1\}$ 为矩阵李群。

证明请参考文献 (Geng X R, Zhu L L, 2022)。

n 阶循环移位群可以体现 $(n-1)$ 维单形体各个点的重心坐标的连续对称性。以二维单形体 (即三角形, 见图 7.4) 为例, P_1, P_3, P_5 的重心坐标分别为 $\tilde{P}_1 = (p_{1A}, p_{1B}, p_{1C})$, $\tilde{P}_3 = (p_{1B}, p_{1C}, p_{1A})$, $\tilde{P}_5 = (p_{1C}, p_{1A}, p_{1B})$, 也可以分别记为

$$\tilde{\mathbf{p}}_1 = \begin{bmatrix} p_{1A} & p_{1B} & p_{1C} \end{bmatrix}^{\mathrm{T}}, \quad \tilde{\mathbf{p}}_3 = \begin{bmatrix} p_{1B} & p_{1C} & p_{1A} \end{bmatrix}^{\mathrm{T}},$$

$$\tilde{\mathbf{p}}_5 = \begin{bmatrix} p_{1C} & p_{1A} & p_{1B} \end{bmatrix}^{\mathrm{T}}$$

显然有, $\mathbf{Q}^0\tilde{\mathbf{p}}_1 = \tilde{\mathbf{p}}_1, \mathbf{Q}^1\tilde{\mathbf{p}}_1 = \tilde{\mathbf{p}}_3, \mathbf{Q}^2\tilde{\mathbf{p}}_1 = \tilde{\mathbf{p}}_5$, (此处 $\mathbf{Q}$ 为三阶循环移位矩阵), 即 P_1, P_3, P_5 的重心坐标存在循环移位关系。当取 x 为任意实数时, $\mathbf{Q}^x\tilde{\mathbf{p}}_1$ 可能会对应绿色椭圆曲线上任意一点的重心坐标。当三角形 ABC 为等边三角形时, 该椭圆曲线退化为圆。

需要说明的是, 与循环移位群对应的对称结构并不一定总是在单形体的内部。比如在图 7.4 中, 由点 A 的重心坐标经过循环移位群 CS (3) 中各个元素的作用之后得到的新坐标分别对应过 A, B, C 三点的椭圆曲线 (图中绿色虚线所示) 上各个点的重心坐标, 并且该椭圆在三角形 ABC 为正三角形时退化为圆。此时, 绿色虚线上各个点的重心坐标仍然可用体积比的方式得到, 只不过此时的体积为可以取负值的有向体积。

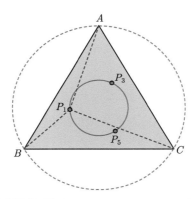

图 7.4 在三角形内, 经过置换群 $\{P_1, P_2, P_3, P_4, P_5, P_6\}$ 的正规子群 $\{P_1, P_3, P_5\}$ 的三个点 P_1, P_3, P_5 的绿色椭圆 (当三角形 ABC 为正三角形时, 椭圆变为圆) 构成三阶循环移位群 CS (3)

例 7.10 双向循环移位群 $\mathrm{CS}(m,n) = \{\mathbf{Q}_n^x \otimes \mathbf{Q}_m^y \,|\, x, y \in \mathbb{R}, m, n \in 2\mathbb{Z}+1\}$ 为矩阵李群。

证明请参考文献 (Geng X R, Zhu L L, 2022)。

值得注意的是, 并不是所有一般线性群的子群都为矩阵李群, 比如所有元素都为有理数的 $n \times n$ 的可逆矩阵构成的集合。容易验证该集合构成一般线性群的子群, 但并不是封闭子群。因为我们可以从这个集合中构造一个有理数矩阵序列, 并且让该矩阵序列收敛到一个某些元素为无理数的可逆矩阵。因此, 该集合为一般线性群的子群, 但不是矩阵李群。

接下来的一节, 将以补充阅读的形式给出李群的相关概念以及矩阵李群和李群的关系。

7.4　李群 [选读]

李群理论自诞生以来, 对数学和物理的发展产生了重要的影响。尤其是, 某些特殊的李群, 竟直接对应了微观粒子世界的基本物理结构。本节我们讨论矩阵李群和李群的关系, 这里首先给出李群的定义。

定义 7.8(李群)　李群 G 是微分流形同时也是一个群, 且群乘积运算以及群的逆运算从流形映射的角度是可微的。(其中群乘积运算可以看作从流形 $G \times G$ 到流形 G 的映射, 而逆运算则可以看作从 G 到 G 的映射)

从定义 7.8 可以看出, 李群不仅仅是一个群, 而且还是一个微分流形。一般来说, 微分流形是嵌入在 n 维欧氏空间 $\mathbb{R}^n$ 中的一个光滑结构, 因此李群可以认为是嵌入在 $\mathbb{R}^n$ 中的具有某种对称性的光滑结构。此外, 李群中的群运算不限于矩阵乘积, 而是一般的、抽象的从流形 $G \times G$ 到流形 G 的映射。而矩阵李群呢, 从定义 7.6 可以看出, 矩阵李群是一般线性群的封闭子群, 是一堆 $n \times n$ 矩阵的集合。由于所有 $n \times n$ 实矩阵的集合可以等同为 $\mathbb{R}^{n^2}$, 因此一般线性群继而每一个矩阵李群都是嵌入在 $\mathbb{R}^{n^2}$ 中的一个对称 (群) 结构。比较矩阵李群和李群的定义, 无论从所嵌入的空间的维度, 还是从群运算, 亦或从集合的结构而言, 似乎都看不出二者有任何联系。但是下面的两个定理揭示了二者之间的内在关联。

定理 7.1　每一个矩阵李群必然是李群。

我们不打算给出定理 7.1 的证明, 仅在下面给出其证明思路:

(1) 证明一般线性群 $\mathrm{GL}(n; \mathbb{R})$ 是李群: 首先, $\mathrm{GL}(n; \mathbb{R})$ 显然是群。其次, $\mathrm{GL}(n; \mathbb{R})$ 是 $\mathbb{R}^{n^2}$ 的开子集, 因而是光滑流形; $\mathrm{GL}(n; \mathbb{R})$ 中的群乘积 (矩阵乘积) 运算和群求逆 (矩阵的逆) 运算都是光滑的。

(2) 证明李群的封闭子群也是李群 (Bröcker T, Dieck T T, 2013)。

定理 7.2　每一个紧李群都同构于一个矩阵李群 (Knapp A W, 1996)。

定理 7.1 相当于告诉我们，矩阵李群是李群的特例。但定理 7.2 却告诉我们，这个特例几乎就是全部 (几乎所有的李群都是紧致的)，这是一个令人震惊的结论。也就是说，对于绝大多数抽象的李群，我们都可以用矩阵李群为之具象化，并且李群中的群运算都可以用矩阵乘积代替。毋庸置疑，这对很多问题的理解和处理带来了极大的方便。

7.5　小　　结

至此，本章的内容总结为如下 5 条：

(1) 群的概念来源于自然界中的对称性。

(2) 李群既是群又是微分流形，既有对称性，又有光滑性。

(3) 一般线性群是最大的矩阵李群，所有的矩阵李群都是一般线性群的子群。

(4) 每一个矩阵李群都是李群。

(5) 几乎每一个李群都同构于一个矩阵李群。

第 8 章　矩阵李代数

李代数是研究矩阵李群的必不可少的工具。一方面，矩阵李群是结构复杂的微分流形，在其中只有矩阵乘积而没有矩阵加法运算。而李代数是更容易理解的线性空间，线性代数中包含的各种工具包都可以在其中展开应用。另一方面，李代数包含了矩阵李群的大部分信息，尤其是李代数几乎可以提供矩阵李群的所有局部信息。

8.1　矩　阵　指　数

矩阵指数在矩阵李群理论中起着重要的作用。下面首先给出矩阵指数的定义。

定义 8.1(矩阵指数)　对于任意一个 $n \times n$ 的实矩阵 $\mathbf{X}$，它的指数定义为

$$e^{\mathbf{X}} = \sum_{m=0}^{\infty} \frac{\mathbf{X}^m}{m!} \tag{8.1}$$

可以证明，对于任意的实方阵 $\mathbf{X}$，上述级数必收敛，因此矩阵指数对于任意的实方阵都是有意义的。关于矩阵指数，有如下常用的结论：

定理 8.1　假设 $\mathbf{X}, \mathbf{Y}$ 是任意两个实方阵，那么

(1) $e^{\mathbf{0}} = \mathbf{I}$；

(2) $e^{\mathbf{X}}$ 可逆，且 $\left(e^{\mathbf{X}}\right)^{-1} = e^{-\mathbf{X}}$；

(3) 对于任意实数 α, β，都有 $e^{(\alpha+\beta)\mathbf{X}} = e^{\alpha\mathbf{X}}e^{\beta\mathbf{X}}$；

(4) 如果 $\mathbf{XY} = \mathbf{YX}$，则 $e^{\mathbf{X}+\mathbf{Y}} = e^{\mathbf{X}}e^{\mathbf{Y}} = e^{\mathbf{Y}}e^{\mathbf{X}}$；

(5) 如果矩阵 $\mathbf{P}$ 可逆，则 $e^{\mathbf{PXP}^{-1}} = \mathbf{P}e^{\mathbf{X}}\mathbf{P}^{-1}$。

对于一个给定的矩阵 $\mathbf{X}$，$e^{\mathbf{X}}$ 的计算可以分以下三种情况：

(1) 当 $\mathbf{X}$ 可对角化时。假设 $\mathbf{X}$ 是一个 $n \times n$ 的可对角化实矩阵，即存在可逆矩阵 $\mathbf{P}$，使得 $\mathbf{X} = \mathbf{PDP}^{-1}$，其中 $\mathbf{D}$ 为对角矩阵

$$\mathbf{D} = \begin{bmatrix} \lambda_1 & & 0 \\ & \ddots & \\ 0 & & \lambda_n \end{bmatrix}$$

根据定义，$e^{\mathbf{D}}$ 仍为对角矩阵，且

$$e^{\mathbf{D}} = \begin{bmatrix} e^{\lambda_1} & & 0 \\ & \ddots & \\ 0 & & e^{\lambda_n} \end{bmatrix}$$

根据定理 8.1 的第 (5) 条性质有

$$e^{\mathbf{X}} = e^{\mathbf{PDP}^{-1}} = \mathbf{P}e^{\mathbf{D}}\mathbf{P}^{-1} \tag{8.2}$$

(2) 当 $\mathbf{X}$ 为幂零矩阵时。如果一个矩阵 $\mathbf{X}$ 为幂零矩阵，则存在一个正整数 m，使得对于任意等于或大于 m 的正整数 l 都有 $\mathbf{X}^l = \mathbf{0}$，此时，公式 (8.1) 只有有限项构成，因此可以直接计算得到

$$e^{\mathbf{X}} = \sum_{k=0}^{m-1} \frac{\mathbf{X}^k}{k!} \tag{8.3}$$

(3) 当 $\mathbf{X}$ 为一般矩阵时。如果 $\mathbf{X}$ 既不能对角化，也不是幂零矩阵，则根据若尔当标准形理论，存在可逆矩阵 $\mathbf{P}$，使得 $\mathbf{X} = \mathbf{PJP}^{-1}$，其中 $\mathbf{J}$ 为若尔当矩阵。显然可以将 $\mathbf{J}$ 分为对角矩阵 $\mathbf{D}$ 和次对角矩阵 $\widehat{\mathbf{D}}$ 之和，即 $\mathbf{J} = \mathbf{D} + \widehat{\mathbf{D}}$。记 $\mathbf{S} = \mathbf{PDP}^{-1}, \widehat{\mathbf{S}} = \mathbf{P}\widehat{\mathbf{D}}\mathbf{P}^{-1}$，显然 $\mathbf{S}$ 和 $\widehat{\mathbf{S}}$ 分别为可对角化矩阵和幂零矩阵。这样，我们就可以把任意矩阵分解为可对角化矩阵和幂零矩阵之和，即 $\mathbf{X} = \mathbf{S} + \widehat{\mathbf{S}}$。

注意到 $\mathbf{S}$ 和 $\widehat{\mathbf{S}}$ 是可交换的，即 $\mathbf{S}\widehat{\mathbf{S}} = \widehat{\mathbf{S}}\mathbf{S}$。根据定理 8.1 的第 (3) 条性质，有

$$e^{\mathbf{X}} = e^{\mathbf{S}+\widehat{\mathbf{S}}} = e^{\mathbf{S}}e^{\widehat{\mathbf{S}}} \tag{8.4}$$

其中 $e^{\mathbf{S}}$ 和 $e^{\widehat{\mathbf{S}}}$ 的计算归结为前两种情形。

同样利用上述计算矩阵指数的思路 (把矩阵分为可对角化矩阵、幂零矩阵和一般矩阵三种情形), 可以得到如下定理:

定理 8.2   对于任意一个实方阵 $\mathbf{X}$, 都有

$$\det\left(e^{\mathbf{X}}\right) = e^{\text{trace}(\mathbf{X})} \tag{8.5}$$

此外, 对于任意实方阵 $\mathbf{X}$, 存在如下重要极限公式:

定理 8.3   对于任意一个实方阵 $\mathbf{X}$, 都有

$$\lim_{n\to\infty}\left(\mathbf{I}+\frac{\mathbf{X}}{n}\right)^n = e^{\mathbf{X}} \tag{8.6}$$

如果把 $e^{\mathbf{X}}$ 对应某个线性操作, 比如为一定度数 (不妨设为 d 度) 的旋转。那么 $e^{\frac{\mathbf{X}}{n}}$ 则对应着 $\dfrac{d}{n}$ 度的旋转, 又因为, 当 n 充分大时, 有

$$e^{\frac{\mathbf{X}}{n}} \approx \mathbf{I}+\frac{\mathbf{X}}{n}$$

故 $\mathbf{I}+\dfrac{\mathbf{X}}{n}$ 在 n 足够大时近似对应 $\dfrac{d}{n}$ 度的旋转。继而, $\left(\mathbf{I}+\dfrac{\mathbf{X}}{n}\right)^n$ 此时对应 $n\times\dfrac{d}{n}=d$ 度的旋转 (对应 $e^{\mathbf{X}}$), 于是得到公式 (8.6)。此外, 也可以利用公式 (8.6) 得到 $e^{\mathbf{X}}$ 的近似值。

下面给出几个计算矩阵指数的例子。

例 8.1   试计算如下矩阵的矩阵指数,

$$\mathbf{X} = \begin{bmatrix} 0 & 1 & 0 \\ 0 & 0 & 1 \\ 1 & 0 & 0 \end{bmatrix}$$

显然, 矩阵 $\mathbf{X}$ 为三阶循环移位矩阵, 对其进行特征分解可得 $\mathbf{X} =$

$\mathbf{UDU}^{-1}$，其中，

$$\mathbf{U} = \begin{bmatrix} \sqrt{3}/3 & \sqrt{3}/3 & \sqrt{3}/3 \\ \sqrt{3}/3 & -\sqrt{3}/6 + i/2 & -\sqrt{3}/6 - i/2 \\ \sqrt{3}/3 & -\sqrt{3}/6 - i/2 & -\sqrt{3}/6 + i/2 \end{bmatrix}$$

$$\mathbf{D} = \begin{bmatrix} 1 & 0 & 0 \\ 0 & -1/2 + i\sqrt{3}/2 & 0 \\ 0 & 0 & -1/2 - i\sqrt{3}/2 \end{bmatrix}$$

则

$$e^{\mathbf{D}} = \begin{bmatrix} e^1 & 0 & 0 \\ 0 & e^{-1/2+i\sqrt{3}/2} & 0 \\ 0 & 0 & e^{-1/2-i\sqrt{3}/2} \end{bmatrix}$$

$$= \begin{bmatrix} 2.7183 & 0 & 0 \\ 0 & 0.3929 + 0.4620i & 0 \\ 0 & 0 & 0.3929 - 0.4620i \end{bmatrix}$$

所以根据公式 (8.2) 有

$$e^{\mathbf{X}} = \mathbf{U}e^{\mathbf{D}}\mathbf{U}^{-1} = \begin{bmatrix} 1.1681 & 1.0419 & 0.5084 \\ 0.5084 & 1.1681 & 1.0419 \\ 1.0419 & 0.5084 & 1.1681 \end{bmatrix}$$

接下来，我们利用公式 (8.6) 计算 $e^{\mathbf{X}}$ 的近似值。比如，取 $n = 10$，得

$$e^{\mathbf{X}} \approx \left(\mathbf{I} + \frac{\mathbf{X}}{10}\right)^{10} = \begin{bmatrix} 1.1202 & 1.0210 & 0.4525 \\ 0.4525 & 1.1202 & 1.0210 \\ 1.0210 & 0.4525 & 1.1202 \end{bmatrix}$$

取 $n = 10000$，则得

$$e^{\mathbf{X}} \approx \left(\mathbf{I} + \frac{\mathbf{X}}{10000} \right)^{10000} = \begin{bmatrix} 1.1680 & 1.0418 & 0.5083 \\ 0.5083 & 1.1680 & 1.0418 \\ 1.0418 & 0.5083 & 1.1680 \end{bmatrix}$$

可以看出，此时的近似解已经非常接近 $e^{\mathbf{X}}$ 的真值。

例 8.2　试计算如下矩阵的矩阵指数，

$$\mathbf{X} = \begin{bmatrix} 0 & 1 & 0 \\ 0 & 0 & 1 \\ 0 & 0 & 0 \end{bmatrix}$$

显然 $\mathbf{X}$ 为幂零矩阵，且

$$\mathbf{X}^2 = \begin{bmatrix} 0 & 0 & 1 \\ 0 & 0 & 0 \\ 0 & 0 & 0 \end{bmatrix}, \quad \mathbf{X}^3 = \begin{bmatrix} 0 & 0 & 0 \\ 0 & 0 & 0 \\ 0 & 0 & 0 \end{bmatrix}$$

因此根据公式 (8.3)，有

$$e^{\mathbf{X}} = \sum_{k=0}^{2} \frac{\mathbf{X}^k}{k!} = \mathbf{I} + \mathbf{X} + \frac{\mathbf{X}^2}{2} = \begin{bmatrix} 1 & 1 & 1/2 \\ 0 & 1 & 1 \\ 0 & 0 & 1 \end{bmatrix}$$

例 8.3　试计算如下矩阵的矩阵指数，

$$\mathbf{X} = \begin{bmatrix} 1 & 1 & 0 \\ 0 & 1 & 1 \\ 0 & 0 & 1 \end{bmatrix}$$

首先可以看出，矩阵 $\mathbf{X}$ 为若尔当矩阵，可以将其分解为对角矩阵和幂零矩阵之和，即

$$
\mathbf{X} = \begin{bmatrix} 1 & 1 & 0 \\ 0 & 1 & 1 \\ 0 & 0 & 1 \end{bmatrix} = \begin{bmatrix} 1 & 0 & 0 \\ 0 & 1 & 0 \\ 0 & 0 & 1 \end{bmatrix} + \begin{bmatrix} 0 & 1 & 0 \\ 0 & 0 & 1 \\ 0 & 0 & 0 \end{bmatrix} = \mathbf{I} + \mathbf{X}_1
$$

根据公式 (8.4) 以及例 8.2 的结果有

$$
e^{\mathbf{X}} = e^{\mathbf{I}+\mathbf{X}_1} = e^{\mathbf{I}} e^{\mathbf{X}_1} = \begin{bmatrix} e & 0 & 0 \\ 0 & e & 0 \\ 0 & 0 & e \end{bmatrix} \begin{bmatrix} 1 & 1 & 1/2 \\ 0 & 1 & 1 \\ 0 & 0 & 1 \end{bmatrix} = \begin{bmatrix} e & e & e/2 \\ 0 & e & e \\ 0 & 0 & e \end{bmatrix}
$$

8.2 矩阵李群的李代数

定义 8.2(矩阵李群的李代数)　假设 G 是一个矩阵李群，则 G 的李代数 (记为 $\mathfrak{g}$) 是所有满足下列条件的矩阵 $\mathbf{X}$ 的集合：对于任意的实数 t，总有 $e^{t\mathbf{X}} \in G$。

从几何上，矩阵李群的李代数是该矩阵李群在单位元处的切空间。

定义 8.3　给定两个方阵 $\mathbf{A}, \mathbf{B}$，它们的**括号**运算定义为

$$
[\mathbf{A}, \mathbf{B}] = \mathbf{AB} - \mathbf{BA}
$$

定理 8.4　假设 G 是一个矩阵李群，$\mathfrak{g}$ 是 G 的李代数，并且 $\mathbf{X}, \mathbf{Y}$ 均为 $\mathfrak{g}$ 中的元素，则

(1) 对于任意实数 s，都有 $s\mathbf{X} \in \mathfrak{g}$；

(2) $\mathbf{X} + \mathbf{Y} \in \mathfrak{g}$；

(3) $\mathbf{XY} - \mathbf{YX} \in \mathfrak{g}$。

由定理 8.4 的 (1) 和 (2) 可知，矩阵李群的李代数必然为线性空间。由 (3) 可知，矩阵李群的李代数在括号运算下是封闭的。

接下来，介绍几个常用的矩阵李群的李代数的例子。

例 8.4　一般线性群

对于任意一个 $n \times n$ 实矩阵 $\mathbf{X}$，根据定理 8.1，对于所有的实数 t，都有 $e^{t\mathbf{X}}$ 为实矩阵且可逆，即 $e^{t\mathbf{X}} \in \mathrm{GL}\,(n; \mathbb{R})$。此外，如果对于任意的实数 t，都有 $e^{t\mathbf{X}} \in \mathrm{GL}\,(n; \mathbb{R})$，那么 $\mathbf{X} = \left. \dfrac{\mathrm{d}e^{t\mathbf{X}}}{\mathrm{d}t} \right|_{t=0}$ 也必然是实矩阵。因此，根据定义 8.2，$\mathrm{GL}\,(n; \mathbb{R})$ 的李代数就是所有 $n \times n$ 实矩阵的集合，记为 $\mathrm{gl}\,(n; \mathbb{R})$。当 $n = 1$ 时，$\mathrm{gl}\,(1; \mathbb{R})$ 即为实数集合 $\mathbb{R}$。

总之，一般线性群 $\mathbf{GL}\,(\boldsymbol{n}; \mathbb{R})$ 的李代数就是所有的 $\boldsymbol{n} \times \boldsymbol{n}$ 实数矩阵 $\mathbf{gl}\,(\boldsymbol{n}; \mathbb{R})$。当 $\boldsymbol{n} = \mathbf{1}$ 时，$\mathbf{GL}\,(\mathbf{1}; \mathbb{R})$ 即为非零实数群 $\mathbb{R}^*$，而 $\mathbf{gl}\,(\mathbf{1}; \mathbb{R})$ 则为实数集 $\mathbb{R}$。由此可以看出我们常用的实数域 $\mathbb{R}$ 的结构的丰富性。从李群和李代数角度，实数域中的非零实数集 $\mathbb{R}^*$ 具有矩阵李群结构，而实数域 $\mathbb{R}$ 本身就是这个矩阵李群的李代数。

补充阅读 ($e^{t\mathbf{X}}$ 在 $t = 0$ 处的导数)

根据公式 (8.1) 可得

$$e^{t\mathbf{X}} = \sum_{m=0}^{\infty} \frac{(t\mathbf{X})^m}{m!}$$

上式两边对 t 求导可得

$$\frac{\mathrm{d}e^{t\mathbf{X}}}{\mathrm{d}t} = e^{t\mathbf{X}}\mathbf{X}$$

因此

$$\mathbf{X} = \left. \frac{\mathrm{d}e^{t\mathbf{X}}}{\mathrm{d}t} \right|_{t=0}$$

例 8.5　特殊线性群

根据公式 (8.5)，$\det\left(e^{\mathbf{X}}\right) = e^{\mathrm{trace}(\mathbf{X})}$。当 $\mathrm{trace}\,(\mathbf{X}) = 0$ 时，对于所有的实数 t，都有 $\det\left(e^{t\mathbf{X}}\right) = e^0 = 1$。此外，如果 $\mathbf{X}$ 是一个 $n \times n$ 矩阵，使得 $\det\left(e^{t\mathbf{X}}\right) = 1$ 对于任意实数 t 都成立，这意味着 $e^{t\,\mathrm{trace}(\mathbf{X})} = 1$ 对于任意实数 t 都成立。因此，对于所有的 t，$t\,\mathrm{trace}\,(\mathbf{X})$ 必然是 $2\pi i$ 的整数倍，而这只有在 $\mathrm{trace}\,(\mathbf{X}) = 0$ 时才成立。又因为，若对于所有的实数 t

都有 $e^{t\mathbf{X}}$ 为实矩阵，则 $\mathbf{X} = \left.\dfrac{\mathrm{d}e^{t\mathbf{X}}}{\mathrm{d}t}\right|_{t=0}$ 必然也为实矩阵。因此 $SL\,(n;\mathbb{R})$ 的李代数是所有迹为 0 的 $n \times n$ 实矩阵的集合，记为 $\mathrm{sl}\,(n;\mathbb{R})$。

总之，**特殊线性群 $SL\,(n;\mathbb{R})$ 的李代数就是所有的 $n \times n$ 的迹为 0 的实数矩阵 $\mathrm{sl}\,(n;\mathbb{R})$**。当 $n = 1$ 时，$SL\,(1;\mathbb{R})$ 的集合中显然只包含一个元素 1，$\mathrm{sl}\,(1;\mathbb{R})$ 只包含一个元素 0，由此也可以看出 $[1]$ 和 $[0]$ 分别为最平凡的矩阵李群和李代数，它们之间可以通过指数映射建立关联，即 $e^0 = 1$。

例 8.6 正交群

注意到，一个 $n \times n$ 矩阵 $\mathbf{U}$ 是正交的，当且仅当 $\mathbf{U}^{\mathrm{T}} = \mathbf{U}^{-1}$。所以，给定一个 $n \times n$ 实矩阵 $\mathbf{X}$，$e^{t\mathbf{X}}$ 是正交矩阵当且仅当

$$e^{t\mathbf{X}^{\mathrm{T}}} = \left(e^{t\mathbf{X}}\right)^{-1} = e^{-t\mathbf{X}} \tag{8.7}$$

显然，如果 $\mathbf{X}^{\mathrm{T}} = -\mathbf{X}$，(8.7) 必成立。反之，如果 (8.7) 成立，公式两边同时在 $t = 0$ 处对 t 求导，得 $\mathbf{X}^{\mathrm{T}} = -\mathbf{X}$。因此，正交群 $O\,(n)$ 的李代数是所有满足 $\mathbf{X}^{\mathrm{T}} = -\mathbf{X}$ 的 $n \times n$ 实矩阵。由于正交群 $O\,(n)$ 和特殊正交群 $SO\,(n)$ 具有相同的李代数，因此将它们的李代数统一记为 $\mathrm{so}\,(n)$。

总之，**正交群 $O\,(n)$ 或特殊正交群 $SO\,(n)$ 的李代数就是所有 $n \times n$ 实反对称矩阵 $\mathrm{so}\,(n)$**。当 $n = 1$ 时，$O\,(1)$ 包含了两个元素，即 1 和 -1，$SO\,(1)$ 包含了一个元素 1。它们的李代数 $\mathrm{so}\,(1)$ 只包含了一个元素 0。由此也可以看出 $[1]$ 和 $[0]$ 分别为最平凡的矩阵李群和李代数。

当 $n = 2$，$SO\,(2)$ 中的每一个元素都具有如下形式

$$Q\,(\theta) = \begin{bmatrix} \cos(\theta) & -\sin(\theta) \\ \sin(\theta) & \cos(\theta) \end{bmatrix}$$

由于 $SO\,(2)$ 的李代数 $\mathrm{so}\,(2)$ 是所有二阶实反对称矩阵的集合，因此，$\mathrm{so}\,(2)$ 中的元素都具有如下形式

$$X\,(\alpha) = \begin{bmatrix} 0 & -\alpha \\ \alpha & 0 \end{bmatrix}$$

其中 α 为任意实数。那么我们接下来探究一下，这里的 α 和 $Q(\theta)$ 中的 θ 有什么关联。令

$$\mathbf{X} = \begin{bmatrix} 0 & -1 \\ 1 & 0 \end{bmatrix}$$

我们知道，矩阵 $\mathbf{X}$ 可对角化，且具有如下特征分解形式 $\mathbf{X} = \mathbf{U}\mathbf{D}\mathbf{U}^{\mathrm{H}}$（$\mathbf{U}^{\mathrm{H}}$ 表示矩阵 $\mathbf{U}$ 的共轭转置），其中，

$$\mathbf{U} = \begin{bmatrix} \sqrt{2}/2 & \sqrt{2}/2 \\ -i\sqrt{2}/2 & i\sqrt{2}/2 \end{bmatrix}, \quad \mathbf{D} = \begin{bmatrix} i & 0 \\ 0 & -i \end{bmatrix}$$

又因为 $X(\alpha) = \alpha\mathbf{X}$，所以 $X(\alpha)$ 的特征分解为 $X(\alpha) = \mathbf{U}(\alpha\mathbf{D})\mathbf{U}^{\mathrm{H}}$。

基于 (8.2)，我们有

$$e^{X(\alpha)} = \mathbf{U}e^{\alpha\mathbf{D}}\mathbf{U}^{\mathrm{H}} = \mathbf{U}\begin{bmatrix} e^{\alpha i} & 0 \\ 0 & e^{-\alpha i} \end{bmatrix}\mathbf{U}^{\mathrm{H}}$$

显然，$e^{X(\alpha)}$ 为平面上逆时针旋转 α 角度的矩阵，即

$$e^{X(\alpha)} = Q(\alpha)$$

因此，李群 SO(2) 中的元素 $Q(\theta)$ 中的 θ 和它的李代数 so(2) 中的元素 $X(\alpha)$ 中的 α 对应同一角度参数。从图 8.1 可以看出，SO(2) 的李代数 so(2) 为其在单位元处的切空间（本例中，该切空间的维度为 1）。

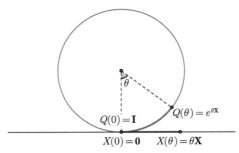

图 8.1　二阶特殊正交群 SO(2) 的李代数 so(2) $= \{\theta\mathbf{X}\,|\,\theta \in \mathbb{R}\}$ 为 SO(2) 在单位
元处的切空间，其中 $\mathbf{X} = \begin{bmatrix} 0 & -1 \\ 1 & 0 \end{bmatrix}$

例 8.7 循环移位群

循环移位群 $\mathrm{CS}(n) = \{\mathbf{Q}_n^x \mid x \in \mathbb{R}, n \in 2\mathbb{Z}+1\}$，其中，

$$
\mathbf{Q}_n = \begin{bmatrix}
0 & 1 & 0 & \cdots & 0 \\
\vdots & \ddots & \ddots & \ddots & \vdots \\
\vdots & & \ddots & \ddots & 0 \\
0 & \ddots & & \ddots & 1 \\
1 & 0 & \cdots & \cdots & 0
\end{bmatrix}
$$

对于循环移位矩阵 $\mathbf{Q}_n$，我们首先可以通过矩阵对数得到 $\mathbf{X}_n = \log(\mathbf{Q}_n)$，满足 $e^{\mathbf{X}_n} = e^{\log(\mathbf{Q}_n)} = \mathbf{Q}_n$。因此循环移位群 $\mathrm{CS}(n)$ 的任意元素都可以表示为 $\mathbf{Q}_n^x = e^{x\mathbf{X}_n}$。这意味着 $\mathrm{CS}(n)$ 的李代数 $\mathrm{cs}(n)$ 为所有形如 $x\mathbf{X}_n$ 的矩阵的集合 (其中 x 为任意实数)，即循环移位群 $\mathrm{CS}(n)$ 的李代数为矩阵 $\mathbf{X}_n$ 张成的一维向量空间。

当 $n=3$ 时，可以验证，3×3 的循环移位矩阵 $\mathbf{Q}_3$ 的矩阵对数为

$$
\mathbf{X}_3 = \log(\mathbf{Q}_3) = \begin{bmatrix}
0 & 1.2092 & -1.2092 \\
-1.2092 & 0 & 1.2092 \\
1.2092 & -1.2092 & 0
\end{bmatrix}
$$

事实上，$\mathrm{CS}(3)$ 与 $\mathrm{SO}(2)$ 同构。如图 8.2，过单位元的切线也对应着 $\mathrm{CS}(3)$ 的李代数 $\mathrm{cs}(3)$。

补充阅读 (矩阵对数)

对于 $n \times n$ 实矩阵 $\mathbf{A}$，矩阵对数

$$
\log(\mathbf{A}) = \sum_{m=1}^{\infty} (-1)^{m+1} \frac{(\mathbf{A}-\mathbf{I})^m}{m} \tag{8.8}
$$

在矩阵 $\mathbf{A}$ 满足一定条件时该级数是收敛的。

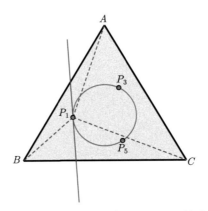

图 8.2   三阶循环移位群 CS(3) 及其李代数

假定 P_1 对应 CS(3) 的单位元，绿色曲线对应 CS(3)，P_1 处与绿色曲线相切的蓝色直线为

CS(3) 的李代数 cs(3)

当 $\mathbf{A}$ 为可对角化矩阵 (即存在可逆矩阵 $\mathbf{P}$，使得 $\mathbf{A} = \mathbf{P}\mathbf{D}\mathbf{P}^{-1}$) 且满足一定条件时，$\log(\mathbf{A})$ 可以通过如下公式计算

$$\log(\mathbf{A}) = \mathbf{P}\log(\mathbf{D})\mathbf{P}^{-1} \tag{8.9}$$

其中 $\mathbf{D}$ 和 $\log(\mathbf{D})$ 为对角矩阵，

$$\mathbf{D} = \begin{bmatrix} \lambda_1 & & 0 \\ & \ddots & \\ 0 & & \lambda_n \end{bmatrix}, \quad \log(\mathbf{D}) = \begin{bmatrix} \log(\lambda_1) & & 0 \\ & \ddots & \\ 0 & & \log(\lambda_n) \end{bmatrix}$$

例 8.8   双向循环移位群

对于双向循环移位群 CS(m, n)，首先我们知道它是个二维李群。为了得到 CS(m, n) 的李代数，我们从它的两个单参数子群入手，即

$$\mathrm{CS1}(m, n) = \{\mathbf{I}_n \otimes \mathbf{Q}_m^y \,|\, y \in \mathbb{R}, m, n \in 2\mathbb{Z} + 1\}$$

$$\mathrm{CS2}(m, n) = \{\mathbf{Q}_n^x \otimes \mathbf{I}_m \,|\, x \in \mathbb{R}, m, n \in 2\mathbb{Z} + 1\}$$

令 $\mathbf{X}_n = \log(\mathbf{Q}_n)$, $\mathbf{X}_m = \log(\mathbf{Q}_m)$，容易得到 $\mathrm{CS1}(m,n)$, $\mathrm{CS2}(m,n)$ 在各自单位元处的切向量为

$$\left.\frac{\mathrm{d}\left(\mathbf{I}_n \otimes \mathbf{Q}_m^y\right)}{\mathrm{d}y}\right|_{y=0} = \mathbf{I}_n \otimes \mathbf{X}_m, \qquad \left.\frac{\mathrm{d}\left(\mathbf{Q}_n^x \otimes \mathbf{I}_m\right)}{\mathrm{d}x}\right|_{x=0} = \mathbf{X}_n \otimes \mathbf{I}_m$$

可以证明 $\mathbf{I}_n \otimes \mathbf{X}_m$ 和 $\mathbf{X}_n \otimes \mathbf{I}_m$ 正好为 $\mathrm{CS}(m,n)$ 的李代数的一组标准正交基，即 $\mathrm{CS}(m,n)$ 的李代数 $\mathrm{cs}(m,n) = \mathrm{Span}(\mathbf{I}_n \otimes \mathbf{X}_m, \mathbf{X}_n \otimes \mathbf{I}_m)$。并且，当 $|x| + |y| < 1$ 时，如下矩阵公式恒成立：

$$\log\left(\mathbf{Q}_n^x \otimes \mathbf{Q}_m^y\right) = x\mathbf{I}_n \otimes \mathbf{X}_m + y\mathbf{X}_n \otimes \mathbf{I}_m \tag{8.10}$$

8.3 李 代 数

在第 7 章，定理 7.1 和定理 7.2 给出了矩阵李群和李群之间的关系，即每一个矩阵李群都是李群，几乎每一个李群都是矩阵李群。那么矩阵李代数和李代数又有什么关系呢？接下来我们首先给出李代数的定义。

定义 8.4 假设 $\mathfrak{g}$ 是域 F 的有限维线性空间，如果 $\mathfrak{g}$ 上有一个满足如下三个条件的从 $\mathfrak{g} \times \mathfrak{g}$ 到 $\mathfrak{g}$ 的映射 $[\ ]$，则称 $\mathfrak{g}$ 为一个有限维**李代数**：

(1) 双线性性：$[\ ]$ 是一个双线性映射；

(2) 反对称性：即对于任意的 $\mathbf{X}, \mathbf{Y} \in \mathfrak{g}$，都有 $[\mathbf{X}, \mathbf{Y}] = -[\mathbf{Y}, \mathbf{X}]$；

(3) 雅可比恒等式：$[\mathbf{X}, [\mathbf{Y}, \mathbf{Z}]] + [\mathbf{Y}, [\mathbf{Z}, \mathbf{X}]] + [\mathbf{Z}, [\mathbf{X}, \mathbf{Y}]] = \mathbf{0}$，其中，$\mathbf{X}, \mathbf{Y}, \mathbf{Z} \in \mathfrak{g}$。

例 8.9 $\mathrm{gl}(n;\mathbb{R})$ 在矩阵的括号运算（$[\mathbf{A}, \mathbf{B}] = \mathbf{AB} - \mathbf{BA}$）下为李代数。

下面根据李代数的三条性质逐一验证。

(1)（双线性性） 由于两个变量的线性性的验证思路相同，接下来仅给出关于一个变量的线性性。对于任意的 $\mathbf{X}, \mathbf{Y}, \mathbf{Z} \in \mathrm{gl}(n;\mathbb{R})$，$k \in \mathbb{R}$，都有

$$[\mathbf{X}, \mathbf{Y} + \mathbf{Z}] = \mathbf{X}(\mathbf{Y} + \mathbf{Z}) - (\mathbf{Y} + \mathbf{Z})\mathbf{X} = \mathbf{XY} - \mathbf{YX} + \mathbf{XZ} - \mathbf{ZX} = [\mathbf{X}, \mathbf{Y}] + [\mathbf{X}, \mathbf{Z}]$$

$$[\mathbf{X}, k\mathbf{Y}] = \mathbf{X}(k\mathbf{Y}) - (k\mathbf{Y})\mathbf{X} = k(\mathbf{XY} - \mathbf{YX}) = k[\mathbf{X}, \mathbf{Y}]$$

(2) (反对称性)　对于任意的 $\mathbf{X}, \mathbf{Y} \in \mathrm{gl}(n; \mathbb{R})$，显然有

$$[\mathbf{X}, \mathbf{Y}] = \mathbf{XY} - \mathbf{YX} = -(\mathbf{YX} - \mathbf{XY}) = -[\mathbf{Y}, \mathbf{X}]$$

(3) (雅克比恒等式)　对于任意的 $\mathbf{X}, \mathbf{Y}, \mathbf{Z} \in \mathrm{gl}(n; \mathbb{R})$，有

$$[\mathbf{X}, [\mathbf{Y}, \mathbf{Z}]] = \mathbf{XYZ} - \mathbf{XZY} - \mathbf{YZX} + \mathbf{ZYX}$$

$$[\mathbf{Y}, [\mathbf{Z}, \mathbf{X}]] = \mathbf{YZX} - \mathbf{YXZ} - \mathbf{ZXY} + \mathbf{XZY}$$

$$[\mathbf{Z}, [\mathbf{X}, \mathbf{Y}]] = \mathbf{ZXY} - \mathbf{ZYX} - \mathbf{XYZ} + \mathbf{YXZ}$$

以上三项之和显然为零矩阵 $\mathbf{0}$。

例 8.10　三维欧氏空间 $\mathbb{R}^3$ 在向量叉积运算下为李代数。

验证过程与上例类似，这里就不再赘述。值得注意的是，在三维欧氏空间，当以向量的叉积作为元素的括号运算时，雅可比恒等式有着明确的几何意义。比如对于图 8.3 的三角形，令 $\mathbf{x} = \overrightarrow{AB}, \mathbf{y} = \overrightarrow{BC}, \mathbf{z} = \overrightarrow{CA}$，显然 $[\mathbf{y}, \mathbf{z}]$ 的方向垂直于三角形所在平面，$[\mathbf{x}, [\mathbf{y}, \mathbf{z}]]$ 的方向则垂直于 $\mathbf{x}$ 和 $[\mathbf{y}, \mathbf{z}]$ 所在的平面，因此必然与从点 C 到直线 AB 的高 CF 的方向一致。同理，$[\mathbf{y}, [\mathbf{z}, \mathbf{x}]]$ 的方向与 AD 方向一致，$[\mathbf{z}, [\mathbf{x}, \mathbf{y}]]$ 方向与 BE 方向一致。而雅可比恒等式 $[\mathbf{x}, [\mathbf{y}, \mathbf{z}]] + [\mathbf{y}, [\mathbf{z}, \mathbf{x}]] + [\mathbf{z}, [\mathbf{x}, \mathbf{y}]] = 0$，则可解读为三角形三条垂线必然交于一个点 (Ivanov N V, 2011)。

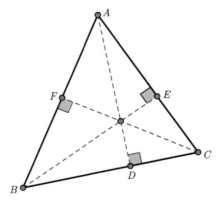

图 8.3　三维欧氏空间的雅可比恒等式的几何解释：三角形的三条垂线必然交于一个点

可以验证所有的矩阵李群的李代数都是李代数。那么每一个李代数是否都对应矩阵李代数呢？既然李代数的定义并不要求元素为矩阵，所以李代数是一个比矩阵李代数更抽象的概念，它的元素似乎也理所应当具有更广的范畴。但是，下面的定理给出了一个令人吃惊的事实：

定理 8.5 每一个李代数都同构于一个矩阵李代数。

定理 8.5 表明，尽管李代数是一个更抽象的概念，但是矩阵李代数已经是它的全部了。这是一个令人震惊的结论。关于它的证明大家可以参考 (Varadarajan V S，2013)。

8.4 矩阵李群同态定理

定义 8.5 假设 G, H 是两个群，对于任意的 $g_1, g_2 \in G$，一个从 G 到 H 映射 $\phi : G \to H$ 如果满足 $\phi(g_1 g_2) = \phi(g_1)\phi(g_2)$，则称该映射 ϕ 为**同态映射**。此外，如果 ϕ 还是一个一一到上的映射，则称 ϕ 为**同构映射**。

比如，对于一般线性群 $GL(n; \mathbb{R})$ 上的任意矩阵 $\mathbf{A}$，它的行列式 $|\mathbf{A}|$ 就是从一般线性群 $GL(n; \mathbb{R})$ 到一般线性群 $GL(1; \mathbb{R})$(即非零实数群 $\mathbb{R}^*$) 的映射。又由于对于任意的 $\mathbf{A}, \mathbf{B} \in GL(n; \mathbb{R})$，都有 $|\mathbf{AB}| = |\mathbf{A}||\mathbf{B}|$，因此行列式是从 $GL(n; \mathbb{R})$ 到 $GL(1; \mathbb{R})$ 的同态映射。

定理 8.6 假设 G, H 是两个矩阵李群，$\mathfrak{g}, \mathfrak{h}$ 分别是它们的李代数。假设 $\phi : G \to H$ 是一个李群同态。那么存在唯一的实线性映射 $\tilde{\phi} : \mathfrak{g} \to \mathfrak{h}$，使得 $\phi(e^{\mathbf{X}}) = e^{\tilde{\phi}(\mathbf{X})}$ 对于所有的 $\mathbf{X} \in \mathfrak{g}$ 都成立。并且映射 $\tilde{\phi}$ 具有如下性质：

(1) 对任意的 $\mathbf{X} \in \mathfrak{g}, \mathbf{A} \in G$，都有 $\tilde{\phi}(\mathbf{A}\mathbf{X}\mathbf{A}^{-1}) = \phi(\mathbf{A})\tilde{\phi}(\mathbf{X})\phi(\mathbf{A})^{-1}$；

(2) 对任意的 $\mathbf{X}, \mathbf{Y} \in \mathfrak{g}$，都有 $\tilde{\phi}([\mathbf{X}, \mathbf{Y}]) = \left[\tilde{\phi}(\mathbf{X}), \tilde{\phi}(\mathbf{Y})\right]$；

(3) 对任意的 $\mathbf{X} \in \mathfrak{g}$，$\tilde{\phi}(\mathbf{X}) = \left.\dfrac{\mathrm{d}\phi(e^{t\mathbf{X}})}{\mathrm{d}t}\right|_{t=0}$。

定理 8.6 表明，任意两个李群间的李群同态映射，必然诱导出它们的李代数间的线性映射。特别地，该定理告诉我们，两个同构的李群，有相同的李代数。

如上所述,行列式是从一般线性群 $\mathrm{GL}\,(n;\mathbb{R})$ 到一般线性群 $\mathrm{GL}\,(1;\mathbb{R})$ 的同态映射,根据定理 8.6,必然诱导出从 $\mathrm{GL}\,(n;\mathbb{R})$ 的李代数 $\mathrm{gl}\,(n;\mathbb{R})$ 到 $\mathrm{GL}\,(1;\mathbb{R})$ 的李代数 $\mathrm{gl}\,(1;\mathbb{R})$ $(\mathrm{gl}\,(1;\mathbb{R})$ 即为实数集 $\mathbb{R})$ 的线性映射,那么这个线性映射是什么呢?事实上,这个李代数间的线性映射正是矩阵的迹,即

$$\mathrm{trace}(\mathbf{X}) = \left.\frac{\mathrm{d}}{\mathrm{d}t}\right|_{t=0} \det\left(e^{t\mathbf{X}}\right)$$

也就是说,矩阵的行列式和矩阵的迹两个看似毫无关系的矩阵操作事实上有内在的关联,即矩阵的迹可以由矩阵的行列式定义。

8.5　小　　结

至此,本章的内容总结为如下 3 条:

(1) 李代数是李群在单位元处的切空间,它本身是在线性空间的基础上定义了元素之间的括号运算,并且李代数在括号运算下封闭。

(2) 李代数同构于矩阵李代数。

(3) 根据矩阵李群同态定理,矩阵的迹可以由矩阵的行列式定义。

参 考 文 献

Bröcker T, Dieck T T. 2013. Representations of Compact Lie Groups. New York: Springer Science & Business Media.

Geng X R, Zhu L L. Matrix formula for image registration. to be published.

Hall B C. 2013. Quantum Theory for Mathematicians. New York: Springer: 333-366.

Ivanov N V. 2011. Arnol'd, the Jacobi Identity, and Orthocenters. The American Mathematical Monthly, 118(1): 41-65.

Knapp A W. 1996. Lie Groups Beyond an Introduction. Boston：Birkhäuser Press.

Strang G. 1993. Introduction to Linear Algebra. Wellesley, MA: Wellesley-Cambridge Press.

Varadarajan V S. 2013. Lie Groups, Lie Algebras, and Their Representations. New York: Springer Science & Business Media.

张贤达. 2004. 矩阵分析与应用. 北京: 清华大学出版社.